AF494686

RECHERCHES EXPÉRIMENTALES

SUR

LA VÉGÉTATION,

PAR M. GEORGES VILLE,

Professeur de Physique végétale au Muséum d'Histoire naturelle.

PARIS,

MALLET-BACHELIER, IMPRIMEUR-LIBRAIRE

DU BUREAU DES LONGITUDES, DE L'ÉCOLE IMPÉRIALE POLYTECHNIQUE,

QUAI DES AUGUSTINS, 55.

1857.

PARIS. — IMPRIMERIE DE MALLET-BACHELIER,
rue du Jardinet, 12.

Cet Opuscule est à peu de chose près la reproduction de deux Mémoires publiés l'année dernière dans les *Annales de Chimie et de Physique*. On les a augmentés cependant de quatre nouvelles planches et d'un essai pour servir à la théorie de la production agricole. Le titre de cette dernière partie indique assez qu'il s'agit là d'un travail encore incomplet. En le publiant, l'auteur a voulu simplement prendre date pour quelques faits nouveaux, sur lesquels il se réserve de revenir bientôt avec plus d'étendue.

Grenelle, 31 août 1857.

PREMIÈRE PARTIE.

QUEL EST LE ROLE DES NITRATES DANS L'ÉCONOMIE DES PLANTES?

I. Depuis quelques années on se préoccupe beaucoup du rôle que les nitrates jouent dans l'économie des plantes. A plusieurs reprises déjà on s'est demandé si les nitrates exercent une influence favorable sur la végétation, et si les bons effets qu'on a retirés de leur emploi en agriculture sont dus à l'azote de l'acide ou aux alcalis de la base; en un mot, si les nitrates agissent comme un engrais azoté ou comme un amendement alcalin. On a répondu fort diversement à ces deux questions.

II. M. Liebig, qui se les est posées un des premiers, pense que la formation spontanée des nitrates est un phénomène sans importance pour la végétation et que ce n'est pas à cette source que les plantes vont puiser l'azote. Bien que les nitrates employés comme engrais produisent de bons résultats, M. Liebig ne trouve pas dans les faits qu'on invoque une raison suffisante pour les attribuer à l'acide plutôt qu'à la base. Ainsi, pour M. Liebig, le rôle des nitrates est un rôle secondaire, sur le mécanisme duquel on ne sait rien de précis.

III. M. Kuhlmann, s'éloignant sur ce point de l'illustre chimiste de Munich, attribue aux nitrates et à la nitrification un rôle considérable. Dans l'opinion de ce savant, lorsque les nitrates sont mêlés avec une matière organique en voie de décomposition, ils se décomposent avec une étonnante facilité. Leur azote passe de l'état d'acide nitrique à celui d'ammoniaque, par une action analogue à celle qui fait passer, dans certaines eaux, le sulfate de chaux à l'état de sulfure de calcium : réduction qui était connue depuis longtemps, mais dont M. Chevreul a remis en lumière la réalité et l'importance.

Ainsi, dans la pensée de M. Kuhlmann, les nitrates employés comme engrais agissent favorablement, parce qu'ils se changent en ammoniaque. Quant aux nitrates formés spontanément, M. Kuhlmann explique aussi l'origine et l'utilité de leur formation.

Lorsqu'un engrais est mis en terre, il se décompose; pendant sa décomposition, tout son azote passe à l'état d'ammoniaque. Une partie de l'ammoniaque ainsi formée est absorbée par les plantes, l'autre tend à se dégager dans l'air, et s'y dégagerait en effet, si, parvenue aux couches superficielles du sol, elle ne se changeait en acide nitrique, sous l'influence combinée de la porosité du sol et de la présence de l'oxygène. Plus tard, cet acide nitrique, entraîné par les pluies dans les couches inférieures du sol, se change de nouveau en ammoniaque, par l'action réductive des matières organiques.

Ainsi, la terre végétale est le siége d'un double travail : à la surface, il se forme des nitrates ; dans les couches inférieures, ces nitrates repassent à l'état d'ammoniaque. *Dans aucun cas, les nitrates ne sont absorbés en nature par les plantes. Leur utilité vient de leur conversion en ammoniaque?*

A l'appui de ces idées sur le rôle des nitrates, M. Kuhlmann invoque la facilité avec laquelle l'acide nitrique, sous l'influence de l'hydrogène naissant, se change en ammoniaque, et la facilité non moins grande avec laquelle l'ammoniaque, sous des influences oxydantes, peut reprendre la forme d'acide nitrique. Les réactions que M. Kuhlmann rapporte à cet égard sont intéressantes au plus haut degré ; mais elles se produisent dans des conditions si différentes de celles où la végétation s'accomplit, qu'involontairement on se demande pourquoi, au lieu de toutes ces preuves incidentes et éloignées, M. Kuhlmann ne s'est pas borné à prouver que le sol contient à la fois des nitrates et des sels ammoniacaux ; que les premiers sont à la surface, et les seconds dans les couches inférieures.

IV. A une époque plus récente, MM. Gilberts et Lawes en Angleterre, et M. Isidore Pierre en France, ont constaté de nouveau les bons effets que les nitrates exercent sur les prairies, sans se préoccuper de la cause qui produit ces effets et des questions théoriques qui s'y rattachent.

V. Enfin, depuis deux ans, M. Bineau, professeur de chimie à la Faculté des Sciences de Lyon, s'occupe du même sujet. Les résultats qu'il a obtenus se résument dans les trois propositions suivantes :

1°. L'eau de la pluie contient des nitrates. Presque tous les cours d'eau de la vallée du Rhône sont dans le même cas.

2°. Les conferves qui naissent spontanément dans l'eau de pluie font disparaître une partie des nitrates que ces eaux contiennent.

3°. Lorsqu'un cours d'eau se jette dans un lac envahi par des plantes aquatiques, on trouve notablement plus de nitrates dans le cours d'eau que dans le lac.

Pour doser les nitrates, M. Bineau se fonde sur la coloration produite par le résidu d'un volume invariable d'eau lorsqu'on y ajoute un excès d'acide sulfurique et qu'on verse dans le mélange quelques gouttes d'une dissolution de sulfate de fer. Au moyen d'une série de flacons dans lesquels il opère la même réaction, à l'aide de quantités connues de nitrate de potasse, M. Bineau forme une gamme de coloration qui lui sert pour évaluer les quantités de nitre observées dans le premier cas.

Je ne chercherai pas si des indications de cette nature ont toute la rigueur désirable, et si la présence d'une matière organique dans les eaux qu'on soumet à ce mode d'essai n'est pas une cause d'erreur à laquelle il est impossible de se soustraire par des corrections empiriques.

Quelque fondées que puissent être ces critiques, elles ne sont que des critiques de détail et ne diminuent en rien l'importance des observations sur lesquelles M. Bineau se fonde pour attribuer aux nitrates un rôle plus général dans l'économie végétale qu'on ne l'a fait avant lui.

Mais si les nitrates ont une influence sur la végétation,

comment cette influence s'exerce-t-elle? Les nitrates sont-ils absorbés en nature? Avant de servir à la nutrition des plantes, passent-ils à l'état d'ammoniaque? Sur tous ces points M. Bineau garde le silence, et la question du *modus agendi* subsiste tout entière.

VI. La séve de beaucoup de plantes contient du nitre. Il y en a de telles quantités dans le jus de la betterave, que l'industrie, après avoir extrait le sucre, les traite pour en retirer les alcalis. La bourrache, le tabac, le pastel et la pariétaire sont dans le même cas que la betterave, et ces plantes ne sont pas les seules dans lesquelles on trouve des nitrates.

Pour expliquer la présence du nitrate de potasse dans certains végétaux, on est placé dans l'alternative d'en faire remonter l'origine au sol où les plantes l'auraient puisé, ou bien d'admettre que ce nitrate est un produit de l'activité même du végétal.

Si l'on se décide en faveur de la première supposition, si l'on admet que le nitrate est originaire du sol, il est bien difficile d'expliquer pourquoi le blé qui est semé à côté d'une betterave ne contient pas de nitrate de potasse, et pourquoi la betterave en contient. Comme conséquence de cette opinion, il faudrait alors admettre que certaines plantes décomposent, jusqu'à la dernière molécule, la totalité des nitrates qu'elles absorbent, tandis que d'autres plantes n'en décomposent qu'une partie. Or rien dans l'état de la science n'autorise une telle déduction.

On a de très-bonnes raisons à donner en faveur de la seconde opinion qui voit dans les nitrates un produit de la végétation. Pourquoi les plantes ne formeraient-elles pas de l'acide nitrique? Ne produisent-elles pas les acides tartrique, citrique, racémique, et surtout l'acide oxalique que sa composition (C^2O^3) place à côté de l'acide nitreux (Az^2O^3), et que ses puissantes affinités rapprochent à tant d'égards des acides minéraux?

Ainsi deux faits principaux dominent l'état de nos connaissances sur les nitrates dans leur rapport avec la végétation. Le premier, c'est que ces sels ajoutés au sol activent la végétation, sans que nous puissions dire au juste s'ils sont absorbés en nature et servent à la nutrition des plantes, ou si leur utilité réside dans les produits de leur décomposition. Le second fait, c'est qu'il y a des plantes qui contiennent des quantités considérables de nitrates, dont nous ignorons l'origine, car personne jusqu'à présent n'a fourni la preuve que ces nitrates viennent du sol.

Mes recherches ont eu pour objet de résoudre ces deux questions, mais, avant de commencer ce nouveau travail, j'ai cru devoir chercher une méthode pour doser l'acide nitrique, qui fût assez générale pour s'appliquer à tous les cas que pourrait offrir la nature des questions que je voulais traiter, et assez exacte pour donner à mes conclusions toute la rigueur qui fait l'utilité d'un semblable travail; je le devais d'autant plus, qu'on peut, avec le secours du nitre et par des expériences d'une extrême simplicité, démontrer la faculté possédée par les végétaux d'absorber l'azote de l'air et vérifier ainsi les résultats de mes premières recherches sur ce sujet.

DU DOSAGE DE L'AZOTE DES NITRATES EN PRÉSENCE DES MATIÈRES ORGANIQUES.

I. Le dosage de l'acide nitrique est une opération délicate, qui a présenté une grande incertitude jusqu'au jour où M. Pelouze a publié son beau Mémoire sur l'essai des salpêtres.

Lorsqu'on ajoute du nitrate de potasse à une dissolution acide de protochlorure de fer, si l'on porte ce liquide à l'ébullition, une partie du sel de fer passe à l'état de sesquichlorure, et il se dégage un mélange de bioxyde d'azote et d'acide chlorhydrique.

D'un autre côté, lorsqu'on verse une dissolution d'hypermanganate de potasse dans une dissolution de protochlorure de fer, l'hypermanganate se décolore immédiatement et le protochlorure de fer passe à l'état de sesquichlorure. Lorsque la liqueur prend une nuance rosée, produite par un léger excès d'hypermanganate, c'est l'indice que tout le fer a passé à l'état de sesquichlorure.

M. Pelouze a tiré le parti le plus heureux de ces deux réactions pour doser l'acide nitrique. En effet, si à une dissolution titrée de protochlorure de fer on ajoute un poids de nitrate de potasse insuffisant pour faire passer tout le fer à l'état de sesquichlorure, au moyen d'une dissolution également titrée d'hypermanganate de potasse, on peut doser combien il reste encore de protochlorure de fer dans la liqueur, et déduire par différence, la quantité de sesquichlorure due à l'action du nitre, et par conséquent la quantité de ce dernier sel.

Ce procédé, excellent sous tous les rapports, fournit des indications d'une grande exactitude : malheureusement on ne peut pas l'employer lorsque les nitrates sont mêlés avec des substances propres à réduire l'hypermanganate de potasse. L'acide oxalique, le sucre, la gomme, en général toutes les matières organiques, s'opposent à son emploi. Lorsque la liqueur est colorée, on ne peut pas l'employer non plus, car on ne peut apercevoir la coloration que produit l'excès d'hypermanganate lorsque tout le fer est peroxydé.

Dès l'origine, M. Pelouze avait signalé ces deux cas dans lesquels son procédé ne peut s'appliquer au dosage des nitrates. Mais, comme toutes les méthodes précises et fondées sur des faits nouveaux, le procédé de M. Pelouze contenait en germe le moyen de lui donner toute la généralité désirable.

II. Lorsqu'on fait bouillir, avons-nous dit, une dissolution de protochlorure de fer avec du nitrate de potasse, en même temps que 3 équivalents d'oxygène, réagissant sur l'acide chlorhydrique en excès, mettent en liberté 3 équivalents de chlore qui se portent sur le protochlorure de fer, il se dégage 1 équivalent de bioxyde d'azote (AzO^2), mêlé à un excès d'acide chlorhydrique.

En effet :

$$AzO^5 + 6\,FeCl + 3\,HCl = AzO^2 + 3\,Fe^2Cl^3 + 3\,HO.$$

Plus récemment, M. Schlœsing a eu l'idée de recueillir le bioxyde d'azote et de régénérer à son aide l'acide nitrique, dont il estimait ensuite la quantité à l'aide d'une liqueur alcaline titrée. Les avantages que M. Schlœsing trouve à ce changement, c'est de rendre le procédé plus général. Les exemples que M. Schlœsing rapporte dans son Mémoire prouvent en effet qu'on peut doser à son aide les nitrates, en présence des matières organiques. Cependant, quelque valeur que puisse avoir le procédé de M. Schlœsing, le nombre des dosages que je prévoyais était trop considérable : il me fallait une méthode plus sûre et plus expéditive.

III. Depuis longtemps, M. Kuhlmann a signalé aux chimistes la facilité avec laquelle l'acide nitrique et tous les oxydes d'azote peuvent se changer en ammoniaque ; c'est en déterminant avec soin toutes les conditions qui déterminent ces sortes de réactions, que j'ai pu régulariser un procédé dans lequel je dose l'acide nitrique à l'état d'ammoniaque. La présence d'une matière organique n'altère en rien les indications du procédé (1), et, à l'aide des précautions que je vais décrire, son exactitude est si grande, qu'on peut doser l'azote des nitrates avec autant d'exactitude que l'azote de l'ammoniaque. Lorsqu'on opère sur de petites quantités de nitrate, les variations qu'on observe oscillent entre $\frac{1}{10}$ à $\frac{3}{10}$ de milligramme. Lorsqu'on opère sur des quantités considérables de nitrate, les erreurs peuvent s'élever jusqu'à $\frac{6}{10}$ de milligramme, rarement elles vont au delà.

Reprenant la réaction fondamentale du nitrate de potasse sur le protochlorure de fer, je me suis demandé ce qui arriverait si l'on faisait passer le bioxyde d'azote qui se dégage, dans un tube rempli d'éponge de platine chauffé au rouge après l'avoir mêlé avec un grand excès d'hydrogène. Ce qui

---

(1) Pour la description du mode opératoire, voyez aux pages 20 et suivantes.

arrive, c'est que la totalité du bioxyde d'azote passe à l'état d'ammoniaque, et que l'analyse dure à peu près un quart d'heure. Il n'est pas besoin de dire qu'on absorbe l'ammoniaque à l'aide d'un acide titré; que le nitrate soit mêlé à une matière organique, à de l'acide oxalique, à du sucre, à du tannin, à toute espèce d'infusions végétales, à de l'herbe sèche, à de la farine, etc., etc., la réaction conserve la même netteté et le procédé la même exactitude.

On en jugera par les exemples suivants :

	Nitrate empl.	Azote contenu.	Azote obtenu.	Différences.
	gr	gr	gr	gr
I.	0,040	0,00554	0,00555	+ 0,00001
II.	0,010	0,00138	0,00143	+ 0,00005
III.	0,040	0,00554	0,00557	+ 0,00003.
IV.	0,040	0,00554	0,00572	+ 0,00018

En ajoutant 0gr,50 de tannin au dosage V, et 0gr,50 d'acide oxalique au dosage VI, on a obtenu :

V.	0,040	0,00554	0,00548	— 0,00006
VI.	0,040	0,00554	0,00555	+ 0,00001

Analyses faites par M. Stoëssner.

VIII.	0,010	0,001384	0,00134	0,00004
IX.	0,010	0,001384	0,00125	0,00013

Tant qu'on opère sur de très-petites quantités de nitrate, le procédé fournit des résultats d'une exactitude remarquable. On peut porter sans inconvénient la quantité d'azote du nitrate jusqu'à 8 et 10 milligrammes. Mais au delà de cette limite l'exactitude ne se maintient plus au même degré. On éprouve des pertes qui s'élèvent de plus en plus à mesure qu'on opère sur un poids plus fort de nitrate.

Ce qui fait le grand avantage de ce procédé, c'est qu'il

est très-expéditif et que deux petits ballons forment tout l'appareil.

Lorsqu'on opère avec de l'éponge de platine très-poreuse et nouvellement préparée, on peut transformer des quantités considérables de bioxyde d'azote en ammoniaque ; mais après quatre ou cinq opérations l'éponge perd beaucoup de son efficacité, les dosages accusent des pertes de plus en plus fortes. Au contraire, si, dès l'origine, on se sert de l'éponge de platine pour doser de très-petites quantités de nitrate, le même tube peut servir très-longtemps. Pour le dosage des nitrates dans l'eau de pluie et dans les eaux de rivière, le procédé avec l'éponge de platine est excellent : c'est celui auquel j'ai habituellement recours.

Lorsqu'il s'agit de petites quantités de nitrate, le coke lavé à l'acide chlorhydrique et calciné en vases clos, le coke platiné d'après les indications de M. Stenhouse, m'ont fourni aussi de bons résultats ; mais je ne m'en suis pas servi assez longtemps pour en conseiller l'emploi de préférence à l'éponge de platine. La braise de boulanger est bien moins efficace que le coke. L'éponge de fer est d'un emploi commode et satisfaisant.

IV. Le procédé que je viens de décrire n'est pas le seul qu'on puisse employer pour doser les nitrates. Si, au lieu de faire réagir le bioxyde d'azote et l'hydrogène sur l'éponge de platine, on fait réagir le bioxyde d'azote et l'hydrogène sulfuré dans un tube rempli de chaux sodée, quelle que soit la quantité de nitrate sur laquelle on opère, le procédé a la même valeur. J'ai pu doser ainsi jusqu'à 100 milligrammes d'azote. Lorsqu'il s'agit de quantités très-faibles de nitrate, je préfère employer l'éponge de platine, parce que le procédé est plus simple. Cependant, avec l'hydrogène sulfuré, même lorsqu'on opère sur de très-petites quantités de nitrate, on obtient des résultats excellents.

Voici en effet quelques exemples :

	Nitrate employé.	Azote cont.	Azote obtenu.	Différences.
	gr	gr	gr	
N° 1.	0,251	0,03470	0,03458	— 0,00012
2.	0,201	0,02781	0,02797	+ 0,00016
3.	0,200	0,02770	0,02848	+ 0,00070
4.	0,128	0,01770	0,01747	— 0,00023
5.	0,100	0,01384	0,01387	+ 0,00003

Dosages plus récents.

N° 6.	0,200	0,02770	0,02780	+ 0,00018
7.	0,200	0,02770	0,02741	— 0,00029
8.	0,800	0,11070	0,11070	0,00000
9.	0,040	0,00554	0,00555	+ 0,00001
10.	0,020	0,00277	0,00282	+ 0,00005

En ajoutant une matière organique soluble au nitrate. Aux analyses 11 et 12, on a ajouté 0^{gr},50 d'acide oxalique; aux analyses 13 et 14, on a ajouté 0^{gr},50 de sucre blanc.

N° 11.	0,2000	0,02770	0,02763	— 0,00007
12.	0,2000	0,02770	0,02790	+ 0,00020
13.	0,2000	0,02770	0,02760	— 0,00010
14.	0,2000	0,02770	0,02740	— 0,00030

En opérant sur de très-petites quantités de nitrate, par M. Stoëssner :

N° 15.	0,0100	0,00138	0,00146	+ 0,00008
16.	0,0100	0,00138	0,00146	+ 0,00008
17.	0,0060	0,00083	0,00100	+ 0,00017 } (1)
18.	0,0096	0,00136	0,00152	+ 0,00016 } (1)

(1) On a titré à dessein ces deux analyses en se plaçant dans des conditions défavorables. La liqueur alcaline était trop concentrée, car 17^{div},8 = 0^{gr},005624 d'azote, tandis que pour les analyses antérieures 23^{div},4 = 0^{gr},005625 d'azote.

Je rapporterai encore, comme exemple, les quatre résultats suivants : à l'analyse 19, on avait ajouté 2 grammes de sucre ; à l'analyse 20, 50 grammes d'une forte infusion de café; à l'analyse 21, 3 grammes de foin desséché, et à l'analyse 22, 0^{gr},50 de farine.

	gr	gr	gr	
19.	0,200	0,0277	0,0279	+ 0,0002
20.	0,190	0,0263	0,0268	+ 0,0005
21.	0,200	0,0235	0,0237	+ 0,0003
22.	0,170	0,0236	0,0235	— 0,0001

Les analyses 20, 21 et 22 ont été faites sur des poids de nitre qui m'étaient inconnus. Les poids étaient pris par M. Pelouze, et le nitre était mêlé par ce savant aux substances que je viens de rapporter.

Par ce qui précède, on voit que lorsqu'on opère sur des petites quantités de nitre avec l'hydrogène et l'éponge de platine, les erreurs sont comprises entre $\frac{1}{10}$ et $\frac{3}{10}$ de milligramme d'azote. Elles peuvent s'élever jusqu'à $\frac{6}{10}$ de milligramme lorsqu'on opère avec de l'hydrogène sulfuré. Avec l'hydrogène sulfuré, que le poids du nitre soit fort ou faible, de 100 milligrammes ou seulement de 10 ou de 2, la limite des variations reste la même.

Dans le second procédé que je viens de décrire, avant de faire réagir le bioxyde d'azote et l'hydrogène sulfuré, il faut purger l'appareil de tout l'air qu'il contient. L'hydrogène est très-commode pour cet usage. J'en dégage même pendant tout le cours de l'opération, afin d'éviter les soubresauts causés par l'ébullition du liquide dans le ballon. Du reste, comme dans la réaction du bioxyde d'azote et de l'hydrogène sulfuré sur la chaux sodée il ne se produit que de l'ammoniaque, du sulfure de calcium et du sulfate de chaux, sans aucun autre gaz, le courant d'hydrogène a l'avantage de balayer le tube et de diminuer les chances de perte.

La nécessité d'employer deux gaz différents et de veiller à leur production régulière et continue pourrait faire croire que le procédé est d'une application difficile et laborieuse. Il en serait, en effet, peut-être ainsi si l'on produisait les gaz dans de simples flacons, en ajoutant de temps en temps un peu d'acide pour entretenir le dégagement. Mais, à l'aide d'un nouvel appareil très-simple, qui est une modification de la lampe à hydrogène de Dobereiner, on évite tous ces inconvénients. Lorsque l'appareil est une fois monté, on a sous la main une source de gaz pour un très-grand nombre de dosages. Le gaz se produit au moment des besoins. Si l'on en consomme beaucoup, il s'en produit beaucoup; si l'on en consomme peu, il s'en produit peu; si l'on n'en consomme point, il ne s'en produit point. Enfin, la production s'opère sous une pression forte ou faible, au gré de l'opérateur. Les robinets d'échappement étant ouverts au point convenable, on n'a plus besoin de s'en occuper; le dégagement continue avec toute la régularité d'un écoulement constant (1).

Lorsqu'on possède tout le petit matériel que ces sortes de dosages exigent, une demi-heure suffit amplement pour faire une opération : cinq minutes pour chasser l'air de l'appareil, dix minutes pour la réaction du nitrate sur le sel de fer, cinq minutes pour balayer le tube par un courant hydrogène,

---

(1) Voyez aux pages 20 et suivantes pour la description de l'appareil.

et dix minutes pour démonter le tube à boule, en retirer l'acide et en prendre le titre.

V. Enfin, en partant toujours de la réaction du nitrate de potasse sur le protochlorure de fer, on peut encore instituer une méthode différente des deux précédentes pour doser l'azote des nitrates. En effet, on peut réduire le bioxyde d'azote qui se dégage en le faisant passer dans un tube rempli de cuivre métallique ; on procède alors comme s'il s'agissait d'un dosage d'azote par le procédé de M. Dumas.

Pour chasser l'air de l'appareil, on emploie l'acide carbonique, dont on maintient un dégagement modéré pendant tout le temps de la réaction. Ce procédé, dont je rapporte un exemple, est susceptible d'une précision satisfaisante ; mais il est bien moins commode que les deux autres. Pour chasser l'air qui adhère à la surface du cuivre, il faut faire passer pendant très-longtemps un courant d'acide carbonique dans le tube, et malgré cette précaution on est exposé à doser trop haut.

Du reste, non-seulement ce procédé est plus long, moins exact que les deux autres, mais il est encore d'un emploi moins général. En effet, il y a des matières organiques qui se décomposent et produisent un dégagement d'*azote* lorsqu'on les chauffe avec de l'acide nitrique, si cet acide contient des traces d'acide nitreux ou de bioxyde d'azote. L'urée, entre autres, présente cette réaction. Il est évident que la présence d'une matière organique douée de cette propriété troublerait les indications de ce procédé, puisque l'azote qu'elle aurait dégagé se mêlerait à l'azote provenant du nitre. Au contraire, une telle matière serait sans influence sur les deux premiers procédés, parce que l'azote gazeux ne forme pas d'ammoniaque dans les conditions où le bioxyde d'azote, lui, au contraire, se change intégralement en cet alcali.

Voici l'exemple dont je parlais :

	Azote contenu.		Azote obtenu.	Differ.
$0^{gr},040$ nitrate employé	0,00554	=	0,00628	+ 0,0007

Description des appareils et des procédés. — Dosage de l'azote des nitrates au moyen de l'hydrogène et de l'éponge de platine.

L'appareil est très-simple. Il se compose essentiellement de trois parties : 1° un tube à combustion ; 2° deux petits ballons ; 3° un appareil pour produire l'hydrogène.

Tube à combustion. — Il doit avoir de 60 à 70 centimètres de long. On l'effile par un bout, de manière à ce qu'il se termine par un orifice de la grosseur d'un tuyau de plume, *fig.* 1. En A on introduit un tampon d'asbeste

Fig. 1.

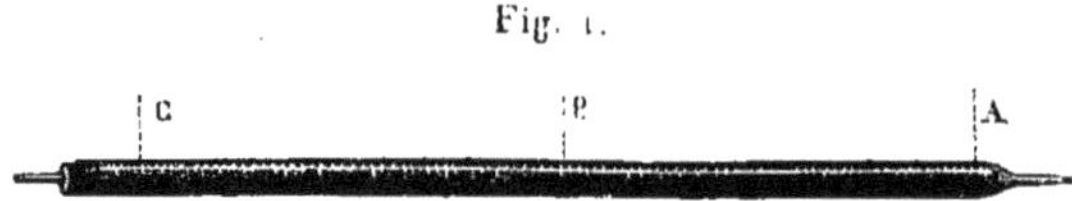

calciné. Dans toute la partie P on remplit le tube avec de l'éponge de platine en fragments gros comme des pois. En C on met de la chaux sodée, et on termine le tube par un nouveau tampon d'asbeste. La couche de chaux sodée est destinée à arrêter l'acide chlorhydrique qui pourrait passer dans le tube et se combiner avec une partie de l'ammoniaque.

Ballons. — Les ballons doivent avoir de 150 à 250 centimètres cubes de capacité. Dans le ballon B, *fig.* 2, on introduit 100 à 150 grammes d'une dissolution saturée de protochlorure de fer, à laquelle on ajoute 3 à 4 grammes d'acide chlorhydrique concentré. On ajoute à cette dissolution le nitrate.

On munit ce ballon d'un bouchon qui porte deux tubes T et T'. T plonge dans la dissolution de protochlorure de fer; il est destiné à donner accès au courant d'hydrogène. T', recourbé deux fois à angle droit, met le ballon en communication avec le ballon B'. Enfin le tube T'' met le ballon B' en communication avec le tube à combustion. Le

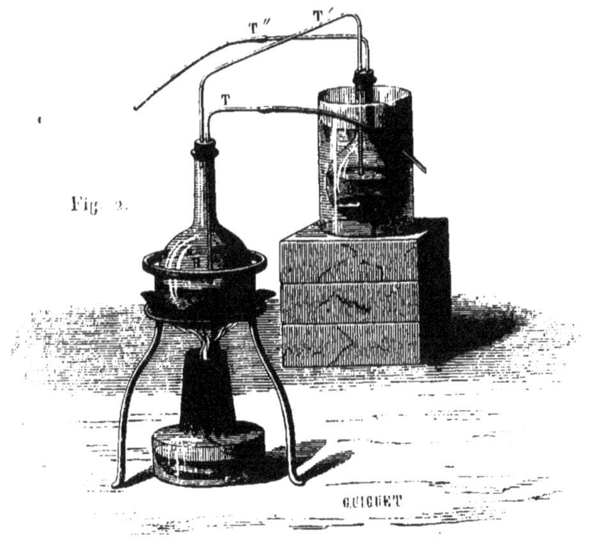

Fig. 2.

ballon B' contient 200 à 300 grammes de mercure destiné à

lui servir de lest. Au-dessus du mercure, on met 20 à 30 grammes d'une dissolution concentrée de potasse caustique, pour arrêter l'acide chlorhydrique qui accompagne le bioxyde d'azote. Le ballon B′ plonge dans un vase à précipité qui est rempli d'eau froide, pour condenser la vapeur qui se dégage du ballon B, et l'empêcher de passer dans le tube à combustion.

Tout étant ainsi préparé, on fait passer dans l'appareil un courant d'hydrogène pour chasser l'air. En même temps, on entoure le tube à combustion de charbons allumés. A l'extrémité du tube à combustion, il se dépose des gouttes d'eau. On favorise leur évaporation en approchant du tube un charbon allumé. Enfin, lorsqu'elles sont dissipées, on adapte au tube à combustion le tube à boules qui contient 10 centimètres cubes d'un acide sulfurique titré. On maintient le dégagement d'hydrogène pendant quatre à cinq minutes encore. Alors on chauffe le ballon B, au moyen d'une lampe à esprit-de-vin. On accélère un peu le courant de l'hydrogène. On maintient l'ébullition du ballon pendant dix minutes, après quoi l'analyse est finie. Il ne reste plus qu'à reprendre le titre de l'acide qui est dans le tube à boule.

Dès que l'on commence à chauffer le ballon B, la liqueur se colore. Il est très-avantageux d'employer un grand excès de protochlorure de fer. Même lorsqu'il s'agit de doser seulement 0gr,001 d'azote, j'ai l'habitude d'employer au moins 100 grammes de dissolution de protochlorure de fer. Pris dans son ensemble, l'appareil est représenté sur la *fig.* 1. Mais, pour bien en comprendre le jeu, il me reste à décrire l'appareil G, qui sert à produire l'hydrogène.

Nouvel appareil, dit gazogène, *pour produire l'hydrogène, l'hydrogène sulfuré, l'acide carbonique, etc., etc.*

Cet appareil n'est qu'une variante de la lampe à gaz de Dobereiner. C'est toujours une cloche qui plonge dans un vase cylindrique de verre. A-t-on besoin de gaz, le liquide acide L, *fig.* 3, vient attaquer le zinc en *z*, et le gaz se dé-

Fig. 3.

gage en R. N'a-t-on plus besoin de gaz, l'hydrogène qui se produit presse sur le liquide en *z* et le fait refluer entre l'espace E, qui sépare la cloche et le vase cylindrique.

Je dis que mon appareil diffère de la lampe de Dobereiner. En effet, au moyen d'une rondelle de caoutchouc, placée sous la platine de fonte supérieure, on ferme complétement le vase cylindrique extérieur. Il en résulte que si l'on ferme le robinet R' lorsque le liquide est reflué en F, l'air fait ressort et tend à repousser l'acide sur le zinc lorsque l'on donne issue au gaz par le robinet R. Le résultat de cette disposition, c'est de produire le gaz sous pression. Veut-on changer le liquide acide qui produit le gaz ? Pour cela il n'est pas nécessaire de démonter l'appareil, il suffit d'ouvrir les deux robinets R et R′, de déboucher le tube T, et d'y adapter un tube de caoutchouc assez long pour fonctionner comme la plus longue branche d'un siphon ; alors on ferme les robinets R, R′, la pression du gaz amorce le siphon ; on ouvre les deux robinets, et toute la liqueur s'écoule.

Cet appareil est d'un emploi très-sûr et très-commode.

La *fig.* 1 de la *Pl. I* représente l'ensemble de l'appareil.

Du dosage de l'azote des nitrates au moyen de l'hydrogène sulfuré et de la chaux sodée.

L'appareil ne diffère pas essentiellement du précédent, si ce n'est par le tube à combustion qui est rempli de chaux sodée, et par l'appareil additionnel G′ qui sert au dégagement de l'hydrogène sulfuré. Pris dans son ensemble, je le représente *fig.* 2 :

T, tube rempli de chaux sodée (1) ;
G, appareil qui produit l'hydrogène ;
G′, appareil qui produit l'hydrogène sulfuré ;
B, B′, les deux ballons ;
V, vase plein d'eau dans lequel on plonge le ballon B′.

(1) Dans le dessin on représente le tube à combustion entouré de clinquant; c'est par erreur : il vaut mieux laisser le tube sans enveloppe pour suivre le travail de l'hydrogène sulfuré.

B porte deux tubes T et T′ : T, par où l'hydrogène arrive ; il plonge dans le protochlorure de fer ; T′, qui met le ballon B en communication avec B′. Le ballon B′, *fig.* 4, porte

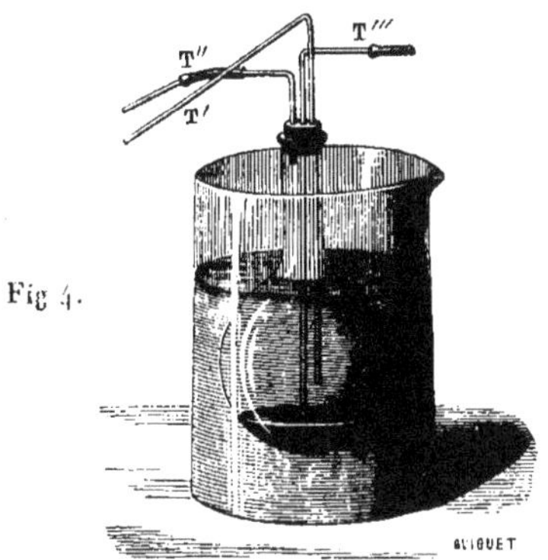

Fig. 4.

trois tubes : T′, qui amène le mélange d'hydrogène et de bioxyde d'azote ; T‴, qui amène l'hydrogène sulfuré, et T″, qui met en communication le ballon B′ avec le tube à combustion.

Le mode opératoire est à peu près le même qu'avec l'hydrogène et l'éponge de platine.

Tout étant prêt, le protochlorure de fer et le nitrate étant introduits dans le ballon B, on entoure le tube à combustion de charbons allumés et on fait passer un courant d'hydrogène dans tout l'appareil. Il sort du tube beaucoup de vapeur d'eau. Lorsque cette production de vapeur a cessé, on adapte au tube à combustion un tube à boule qui contient l'acide titré. On continue le dégagement d'hydrogène, mais on le ralentit. On ne laisse plus passer que bulle à bulle. On commence à chauffer le ballon B. D'un autre côté, on commence à dégager l'hydrogène sulfuré de manière qu'il y ait 3 à 4 centimètres de chaux sodée attaquée lorsque le liquide commence à bouillir dans le ballon B. A ce moment, on règle le robinet de l'hydrogène sulfuré de manière que les bulles se succèdent assez vite pour former un courant continu et on laisse aller les choses Il faut toujours faire en sorte qu'il y ait au moins 25 centimètres de chaux sodée intacte en avant du tube à boules lorsque l'analyse est terminée. Après dix minutes d'ébullition, on arrête le dégagement de l'hydrogène sulfuré. On laisse passer l'hydrogène pendant quatre à cinq minutes encore, et puis tout est fini.

Lorsque l'on possède tout le petit matériel que ces sortes de dosages exigent, il faut moins de temps pour faire une analyse que pour décrire le procédé.

De quelques précautions de détails qu'il faut prendre, suivant la matière qui accompagne les nitrates.

Si le nitrate est accompagné par une petite quantité de matière organique soluble, comme cela se présente dans une infusion végétale, il n'y a aucune précaution spéciale; les indications générales que j'ai données suffisent. Si la quantité de matière organique est considérable, comme cela se présente dans la mélasse, il faut employer beaucoup de dissolution de protochlorure de fer; il faut en porter la quantité à 300 ou 400 grammes. Si la matière organique mousse, il faut employer beaucoup de dissolution de protochlorure et ajouter un morceau de beurre dans le ballon B. On sait que les corps gras empêchent l'écume de se former. Le beurre m'a toujours réussi. Si le nitre était associé à

3 ou 4 grammes de matière sèche, insoluble, à de l'herbe par exemple, l'emploi du beurre serait de toute nécessité. Lorsqu'il s'agit de doser le nitre qu'une plante contient, je réduis celle-ci en poudre, j'en prends 10 à 100 grammes, je l'épuise par l'eau bouillante, je concentre l'infusion, et j'opère comme à l'ordinaire. Pour doser le nitre dans la terre, je procède de la même manière : j'épuise par l'eau bouillante, je concentre la liqueur, et j'opère comme avec une infusion végétale.

Préparation de la dissolution de protochlorure de fer.

On prend une capsule de porcelaine de 4 à 5 litres de capacité ; on y met environ 1 kilogramme de pointes de Paris, et on verse dessus de l'acide chlorhydrique ordinaire jusqu'à ce que le liquide surnage d'environ 4 à 5 centimètres. On met alors la capsule sur le feu. L'action de l'acide se produit bientôt avec une grande énergie. Le liquide monte, on retire la capsule du feu, on attend que l'action se modère; puis on remet sur le feu et on fait bouillir jusqu'à ce que l'on aperçoive une pellicule de cristaux à la surface du liquide. Alors, avec une spatule de porcelaine, on écume la surface du liquide, puis on le décante dans une autre capsule, où il ne tarde pas à se prendre en masse. Les cristaux, redissous dans leur poids d'eau, forment ma dissolution usuelle de protochlorure de fer.

Quant au fer qui reste comme résidu de la première opération, on verse encore dessus de l'acide chlorhydrique, et on procède comme la première fois. J'ai l'habitude de mêler le résidu de la seconde attaque avec le fer d'une nouvelle opération.

Comment faut-il représenter la réaction de l'hydrogène sulfuré sur le bioxyde d'azote?

Lorsque l'on veut doser l'azote d'un nitrate au moyen de l'hydrogène sulfuré, il faut, avons-nous dit, chasser l'air qui remplit les appareils, au moyen d'un courant d'hydrogène. A l'origine, j'avais cru que l'hydrogène ne servait pas seulement pour balayer le tube, mais qu'il prenait part à la réaction, et, sous l'impression de cette idée, j'avais représenté la réaction par l'équation suivante :

$$\left.\begin{matrix} 2\,SH \\ H^{x} \end{matrix}\right\} + AzO^{2} + 2\,CaO = AzH^{3} + SO^{3}\,CaO + S\,Ca + H^{x-1}.$$

Dans cette supposition, 2 équivalents d'hydrogène à l'état naissant, fournis par l'hydrogène sulfuré, en se combinant avec 1 équivalent d'azote auraient formé le groupe $Az\,H^2$, et c'est par une action consécutive que celui-ci, en se combinant avec un troisième équivalent d'hydrogène à l'état ordinaire, aurait formé de l'ammoniaque. Si les choses se passaient ainsi, la chimie moléculaire y aurait gagné un fait intéressant. Alors, en effet, on aurait eu l'exemple de deux corps simples (l'hydrogène et l'azote), qui ne peuvent, dans les conditions où l'expérience précédente s'accomplit, se combiner qu'à la condition expresse d'être tous les deux à l'état naissant, tandis que le groupe $Az\,H^2$ pourrait se combiner avec un troisième équivalent d'hydrogène pour former de l'ammoniaque, sans exiger que ce troisième équivalent d'hydrogène fût lui-même à l'état naissant. Ceci reviendrait à dire, d'une manière plus générale, que l'hydrogène et l'azote pourraient former une première combinaison ($Az\,H^2$) dont l'affinité pour l'un de ses constituants (H) serait supérieure à celle de son propre radical (Az) pour le même gaz (H).

Afin de m'éclairer sur ce point, j'ai repris l'expérience en remplaçant le courant d'hydrogène par un courant d'azote. Dans ces nouvelles conditions, la réaction a conservé toute sa netteté. Tout le bioxyde d'azote s'est converti en ammoniaque, et par là j'ai acquis la certitude que l'équation suivante exprimait la réaction :

$$3\,HS + Az\,O^2 + 2\,Ca\,O = Az\,H^3 + SO^3\,Ca\,O + S^2\,Ca$$

ou

$$S\,Ca + S,$$

et que l'autre interprétation était mal fondée. C'est aux doutes que ma première manière de voir avait fait naître dans l'esprit de M. Chevreul et à l'insistance bienveillante de cet illustre savant, que je dois d'avoir rectifié mon opinion à cet égard.

L'air est-il un mélange ou une combinaison ?

La composition à peu près constante de l'air a fait croire pendant longtemps à quelques chimistes que l'air était une véritable combinaison. Aujourd'hui cette opinion est à peu près abandonnée. Elle est, en effet, en opposition avec la loi en vertu de laquelle les volumes des gaz qui se combinent sont toujours dans un rapport simple. Or, entre l'oxygène et l'azote de l'air, on ne retrouve pas cette simplicité de rapports, puisque l'un y entre pour $\frac{1}{5}$ et l'autre pour $\frac{4}{5}$ de son volume.

Un autre argument en faveur de l'opinion que l'air est un simple mélange, nous est fourni par la composition de l'air qui est dissous dans l'eau. Cet air présente, en effet, la composition théorique que lui assignent les coefficients de solubilité de l'oxygène et de l'azote.

A toutes ces raisons, on pourra désormais ajouter une preuve plus directe. Le protoxyde d'azote, le bioxyde d'azote, mêlés à de l'hydrogène sulfuré, se changent en ammoniaque, lorsqu'on les fait réagir sur la chaux sodée ; n'est-il pas évident que si l'air était une combinaison, un mélange d'air et d'hydrogène sulfuré, traité de la même manière, devrait produire aussi de l'ammoniaque? J'en ai fait bien souvent l'expérience. Elle m'a toujours donné des résultats négatifs. J'avoue que dans toutes ces tentatives je me préoccupais bien moins de la composition de l'air que de trouver un moyen nouveau pour produire l'ammoniaque au moyen de l'azote atmosphérique.

Ainsi pour nous résumer et pour conclure, il résulte de ce qui précède :

Qu'on peut fonder sur la transformation du bioxyde d'azote en ammoniaque une méthode nouvelle d'une grande exactitude pour doser les nitrates, en présence des matières organiques.

DEUXIÈME PARTIE[1].

DE L'INFLUENCE DES NITRATES SUR LA VÉGÉTATION.

§ I.

1. J'ai prouvé depuis longtemps que certaines plantes cultivées dans le sable calciné, pur de toute matière azotée, se développent en fixant l'azote de l'air, et j'ai annoncé dès l'origine que d'autres plantes se refusent à végéter dans ces conditions anormales (2).

Aujourd'hui je ferai connaître d'autres expériences sur une plante de ce genre qui a été cultivée dans le sable cal-

(1) GEORGES VILLE, *Recherches expérimentales sur la végétation,* in-folio, 1855. Victor Masson, libraire, place de l'École-de-Médecine.

(2) *Comptes rendus de l'Académie des Sciences,* tome XLI, page 757. Rapport fait à l'Académie des Sciences au nom d'une Commission composée de MM. Dumas, Regnault, Payen, Decaisne, Peligot, Chevreul rapporteur. Ce Rapport conclut ainsi :

« L'expérience faite au Muséum d'histoire naturelle par M. Ville est conforme aux conclusions qu'il avait tirées de ses travaux antérieurs. »

ciné avec le secours du nitre. On va voir comment ces nouvelles expériences confirment les premières.

2. Sous l'influence des nitrates, et du nitrate de potasse en particulier, les plantes prospèrent dans le sable calciné comme dans la bonne terre. Dès les premiers jours qui suivent la germination, les feuilles présentent une nuance d'un beau vert, et la végétation continue avec une activité remarquable; mais à mesure que l'expérience se prolonge, le nitrate qu'on a mis dans le sol diminue. Au moyen des procédés que j'ai fait connaître pour doser ces sels, on peut saisir le moment précis où il a complétement disparu. Si on arrête l'expérience à la fin de cette première période, la substance des plantes, épuisée par l'eau bouillante, n'offre pas le moindre indice de nitre; la quantité d'azote que l'analyse accuse, au contraire, est sensiblement égale à celle que le nitre et les graines contenaient au début de l'expérience. Ainsi les plantes ont absorbé tout le nitre que le sol avait reçu, et ce sel, changeant d'état, a servi à la formation même des plantes et à la production de leurs principes immédiats azotés. Mais jusque-là les plantes n'ont pas emprunté d'azote à l'atmosphère.

3. Je rapporte à l'appui de ce premier résultat les expériences suivantes, et je rappelle, une fois pour toutes, que la végétation avait lieu dans le sable calciné.

A. Le 22 juillet 1855, on a semé huit graines de colza d'hiver dans 1 kilogramme de sable calciné, auquel on avait ajouté 0gr,50 de nitre. On a fait la récolte le 6 septembre.

Semence desséchée à 100 degrés....	0gr,027	
Azote du nitre et de la semence.....		0gr,070

Récolte desséchée à 100 degrés.....	5gr,450	
Azote de la récolte..		0gr,070

La récolte égale 203 fois la semence.

B. Préparée et conduite comme la précédente, commencée et finie le même jour.

Semence desséchée à 100 degrés....	0gr,027	
Azote du nitre et de la semence.....		0gr,070
Récolte desséchée à 100 degrés.....	5gr,14	
Azote de la récolte...............		0gr,066

La récolte égale 191 fois la semence.

C. Préparée et conduite comme les deux précédentes, commencée le 2 avril 1856 et finie le 12 juin.

Semence desséchée à 100 degrés....	0gr,027	
Azote du nitre et de la semence....		0gr,070
Récolte desséchée à 100 degrés.....	5gr,02	
Azote de la récolte...............		0gr,068

La récolte égale 200 fois la semence.

D. Le 19 janvier 1856, on a semé vingt grains de blé poulard dans 1 kilogramme de sable calciné, auquel on avait ajouté 1gr,765 de nitre, soit 0gr,244 d'azote. On a fait la récolte le 12 juin.

Semence sèche...................		1gr,26	
Azote de la semence.......	0gr,021		0gr,265
Azote du nitre...........	0gr,244		
Récolte sèche....................		26gr,87	
Azote de la récolte...	0gr,217		0gr,261
Restant dans le sol.........	0gr,044		

4. J'ai tiré des expériences qui précèdent la conclusion

que les plantes absorbent et s'assimilent l'azote du nitre. A cette conclusion j'en ajouterai maintenant deux autres.

La première, c'est que dans un sol formé de sable calciné et de cendres végétales, il ne se produit pas spontanément de nitre aux dépens de l'azote et de l'oxygène atmosphérique.

La seconde, c'est que les pots, le sable, la brique et l'eau employés ne contenaient pas la moindre trace d'azote.

5. La conclusion qu'il ne se forme pas de nitre est très-importante dans la question qui nous occupe. Depuis dix-huit mois j'ai varié les expériences à l'infini, et jamais je n'ai pu constater la formation d'un nitrate, non-seulement lorsque j'opérais dans un mélange de sable pur et de cendres végétales, mais encore lorsque j'avais ajouté à ce mélange une matière de nature azotée. C'est en vain que j'ai essayé sous ce rapport la graine de lupin et la gélatine. Le résultat a été invariablement négatif. De son côté, M. Reiset est arrivé à la même conclusion dans un travail remarquable sur la nature des produits qui se forment pendant la décomposition des matières organiques.

6. Ainsi, absorption des nitrates, assimilation de l'azote de ces sels, absence de toute nitrification spontanée, tels sont les résultats qui se déduisent des recherches qui précèdent.

§ II.

1. Au lieu d'ajouter $0^{gr},50$ de nitre au sable employé comme sol, supposons qu'on ait porté la quantité de ce sel

à 1 gramme. Cette fois les choses se passent tout autrement que dans le premier cas; la végétation est plus active, les plantes (toujours huit colzas) acquièrent plus de développement, et il vient un moment où la récolte contient beaucoup plus d'azote que le nitre et les graines employés.

Ainsi voilà deux pots préparés de la même manière, avec le même sable, amendés avec la même cendre, arrosés avec la même eau, et placés dans le même lieu; dans celui qui a reçu 0gr,50 de nitre, la récolte contient tout l'azote du nitre, mais elle n'en contient jamais un excès. Sa végétation s'arrête après l'absorption totale du nitre. Dans le pot qui a reçu 1 gramme de nitre, la végétation progresse toujours, et, après deux mois et demi de culture, la récolte commence à contenir plus d'azote que les graines et le nitre employés.

D'où vient cet excès d'azote, et pourquoi cette différence?

L'excès d'azote vient de l'atmosphère, et la différence est due à ce que les plantes ne commencent à s'assimiler l'azote de l'air qu'à partir d'une certaine période. Avec 0gr,50 de nitre, le résultat est négatif, il n'y a pas absorption d'azote, parce que les plantes n'ont pas atteint cette période. Avec 1 gramme de nitre, le sens du résultat change, il y a absorption d'azote, parce qu'elles l'ont dépassée.

2. Les faits que je signale là ne sont pas des faits isolés qu'on doive accueillir à titre d'exceptions; ils sont, au contraire, du même ordre que ceux que nous offrent certaines graines qui ne produisent dans le sable calciné que des rudiments de plantes, tandis que d'autres graines, semées

dans les mêmes conditions, produisent des plantes complètes.

C'est en vain qu'on voudrait constater une absorption d'azote en semant des graines de colza ou de tabac dans le sable calciné : le résultat est invariablement négatif. Jamais l'azote de la plante ne va au delà de l'azote de la graine; avec le blé, au contraire, la végétation suit son cours, et la récolte accuse toujours un excédant d'azote.

Dans ce cas particulier, la différence vient de ce que, ni les graines de colza, ni les graines de tabac ne suffisent à la formation des premières feuilles, tandis que les grains de blé y pourvoient. Comment des plantes qui n'ont que des feuilles rudimentaires pourraient-elles vivre et prospérer aux dépens de l'air seul ?

3. Ceci nous explique encore pourquoi les choses se passent tout autrement, suivant qu'on sème dans le sable calciné une graine de tabac, ou suivant qu'on repique dans le même sable un pied de tabac, venu dans la bonne terre. Lorsqu'on procède par semis, on n'obtient rien : à peine un vestige appréciable de plante. Lorsqu'on a recours à un pied venu dans la bonne terre, après un temps d'arrêt de quelques jours, employé par la plante à former de nouvelles racines, la végétation reprend son cours un moment suspendu, et, après deux ou trois mois de culture, le pied de tabac pèse de dix à deux cents fois plus qu'au début de l'expérience, et il accuse une absorption d'azote de $0^{gr},040$ à $0^{gr},150$.

Ici encore les résultats diffèrent parce que le pied de tabac qu'on transplante est pourvu de feuilles et qu'il peut vivre et prospérer aux dépens de l'air seul, tandis que la graine de tabac, qui pèse à peine un milligramme ou deux, ne peut pourvoir à la formation des premières feuilles.

4. Tous ces effets sont du même ordre et se rangent sous la même loi. Ils dépendent entièrement de la quantité de matière nutritive dont la plante est pourvue pendant la germination. Peu importe que cette matière vienne de la graine ou du sol. Si la quantité de cette matière suffit à la formation des premières feuilles, la plante prospère, et la récolte accuse l'absorption d'une certaine quantité d'azote. Dans le cas contraire, si les premières feuilles ne peuvent se former, la végétation n'est qu'une végétation incomplète et rudimentaire. Comment pourrait-il en être autrement? Ne savons-nous pas que pendant la germination les plantes ne tirent rien de l'atmosphère, que pendant toute cette période elles ne vivent qu'aux dépens de la graine et du sol?

Voilà donc finalement pourquoi le sens du résultat change suivant la nature des graines sur lesquelles on opère, ou suivant la quantité de nitre qu'on ajoute au sable, lorsque les graines ne peuvent à elles seules conduire les plantes au delà de la période d'incubation.

Pour obtenir dans le sable calciné une végétation complète, il faut avant toute chose que la plante puisse dépasser la période embryonnaire. Peu importe qu'elle en trouve les moyens dans la graine ou dans un engrais additionnel. Et voilà finalement pourquoi, je le répète encore, avec une même graine qui est insuffisante pour conduire la jeune plante au delà de la période embryonnaire, le sens du résultat change, suivant la quantité de nitre qu'on ajoute au sable.

Lorsqu'on a fait plusieurs fois l'expérience des colzas cultivés avec 1 gramme de nitre, l'aspect seul des plantes décèle le moment où l'absorption de l'azote de l'air commence. Tant que le sol contient du nitre, les feuilles sont d'un beau vert foncé. Lorsque le nitre commence à manquer, la nuance des feuilles devient plus tendre. Les feuilles inférieures jaunissent, puis elles se détachent de la plante mère; car c'est un caractère propre aux végétations venues dans le sable calciné, que les feuilles les plus anciennes aident à la formation des feuilles les plus récentes.

5. Ainsi, de ce qui précède il résulte qu'on peut, au moyen du nitre, produire à volonté ou ne pas produire une absorption d'azote; j'ajoute que, lorsque cette absorption a lieu, *elle provient de l'azote gazeux de l'atmosphère.* Du reste, afin d'éviter toute espèce d'équivoques, je préciserai par quelques chiffres les conclusions qui précèdent: je reprendrai ensuite la discussion des expériences auxquelles je les emprunte.

E. Le 13 juillet 1855, on a semé dix graines de colza dans 1 kilogramme de sable calciné, auquel on ajoute 1 gramme de nitre. On a fait la récolte le 11 septembre.

Semence desséchée à 100 degrés...	$0^{gr},031$	
Azote du nitre et de la semence...		$0^{gr},140$
Récolte desséchée à 100 degrés....	$7^{gr},75$	
Azote de la récolte............		$0^{gr},197$
Azote tiré de l'air.... $0^{gr},057$.		

F. Préparée et conduite comme la précédente; finie le

4 octobre. Dès le début, la végétation a prospéré plus que dans les autres pots.

Semence desséchée à 100 degrés...	0gr,031	
Azote du nitre et de la semence..		0gr,140
Récolte desséchée à 100 degrés....	15gr,30	
Azote de la récolte.............		0gr,374
Azote tiré de l'air .. 0gr,234.		

La récolte égale 493 fois la semence.

G. Préparée et conduite comme les deux précédentes. Semé le 7 janvier 1856, récolté le 2 mai.

Semence desséchée à 100 degrés...	0gr,031	
Azote du nitre et de la semence...		0gr,140
Récolte desséchée à 100 degrés...	10gr,77	
Azote de la récolte.............		0gr,216
Azote tiré de l'air... 0gr,076.		

La récolte égale 347 fois la semence.

A deux reprises différentes (le 21 février et le 20 mars) le voisinage d'une bouche de chaleur a desséché une partie des feuilles.

H. Préparée et conduite comme la précédente. Commencée le 2 avril et finie le 4 août.

Semence desséchée à 100 degrés...	0gr,031	
Azote du nitre et de la semence....		0gr,140
Récolte desséchée à 100 degrés...	22gr,23	
Azote de la récolte		0gr,250
Azote tiré de l'air... 0gr,110.		

La récolte égale 717 fois la semence.

Cette culture est représentée dans le dessin photographique qui est à la fin de mon Mémoire.

6. Ainsi, avec 1 gramme de nitre, la récolte peut s'élever jusqu'à 717 fois le poids de la semence, et la quantité d'azote absorbé peut aller jusqu'à $0^{gr},234$, c'est-à-dire qu'ayant ajouté au sol $0^{gr},140$ d'azote, j'en ai retiré une fois $0^{gr},190$, une autre fois $0^{gr},216$, puis $0^{gr},250$, et une dernière fois $0^{gr},374$.

J'ai dit et je répète que l'excédant d'azote accusé par les récoltes vient de l'azote de l'air. A cette conclusion on peut faire, il est vrai, deux objections principales.

On peut attribuer l'excès d'azote à une nitrification spontanée : sans parler des tentatives infructueuses de M. Reiset et des miennes pour reconnaître la réalité de cette supposition, je demande à mon tour pourquoi cette formation de nitre n'a pas lieu lorsqu'on ajoute au sable $0^{gr},50$ de ce sel, et pourquoi elle se produit lorsqu'on en porte la quantité à 1 gramme?

On peut dire encore que l'excédant d'azote vient de l'ammoniaque de l'air : cette fois encore je demande pourquoi l'influence de l'ammoniaque se fait exclusivement sentir sur les pots qui reçoivent 1 gramme de nitre, et pourquoi elle est inappréciable sur ceux qui n'en reçoivent que $0^{gr},50$?

Reconnaissons donc que ces objections n'ont aucun fondement, et concluons que l'excédant d'azote vient de l'azote de l'atmosphère.

7. Les expériences qui précèdent ont donc pour résultat de marquer, mieux que ne l'avaient fait mes recherches antérieures, le moment précis où l'absorption de l'azote commence. Elles nous apprennent de plus que les traces d'ammoniaque que l'air contient n'ont pas une influence appréciable sur la végétation. Ce résultat est important, car

à l'avenir on pourra opérer à l'air libre pour étudier le rôle de l'azote, sans avoir recours aux appareils qu'on a dû employer à l'origine, lorsqu'on ne savait rien de précis ni sur la quantité d'ammoniaque que l'air contient, ni sur le rôle que cette ammoniaque pouvait jouer.

8. L'emploi des nitrates a un autre avantage, c'est de rendre les expériences plus faciles, les résultats plus concordants, que lorsqu'on opère dans le sable seul, parce qu'alors on s'éloigne moins des conditions naturelles. Comme plante, qu'on peut employer avec avantage, je recommande le colza d'hiver pour les cultures d'automne, et le blé de mars pour les cultures de printemps.

On connaît les résultats que j'ai obtenus avec le colza; il me reste à présenter ceux que le blé m'a fournis.

I. Le 10 mars 1856, on a semé vingt grains de blé de mars, dans 1 kilogramme de sable calciné, sans addition d'aucune matière azotée; on a fait la récolte le 28 août.

I.			Azote.
	gr		
Paille.	4,18	6gr,25	0gr,032
Racines.	2,08		
37 grains.	1,38		0gr,021
	7,64		0gr,053

Azote de la semence. . . 0gr,016
Azote tiré de l'air. 0gr,037

II.			Azote.
	gr		
Paille.	4,69	6gr,75	0gr,033
Racines.	2,06		
49 grains.	1,88		0gr,028
	8,63		0gr,061

Azote tiré de l'air. 0gr,045

J. Vingt grains du même blé, cultivés dans les mêmes conditions, le sable ayant reçu 0^{gr},792 de nitrate de potasse, soit 0^{gr},110 azote, ont produit :

	I.		Azote.
	gr		
Paille........	13,70	20^{gr},70	0^{gr},122
Racines......	7,00		
144 grain...	6,20		0^{gr},096
	26,90		0^{gr},218

Azote de la semence et du nitre...........	0^{gr},126
Azote tiré de l'air.....	0^{gr},092

	II.		Azote.
	gr		
Paille.........	12,72	19^{gr},22	0^{gr},110
Racines.......	6,50		
154 grains.....	7,30		0^{gr},114
	26,52		0^{gr},224

Azote de la semence et du nitre...........	0^{gr},126
Azote tiré de l'air.....	0^{gr},098

A propos de ces quatre résultats, je reprends les objections que j'ai présentées il y a un moment. Veut-on attribuer l'excédant d'azote à une nitrification spontanée, à une substance azotée contenue dans le sable, à de l'ammoniaque contenue dans l'eau distillée? Alors je demande pourquoi l'excédant d'azote est plus fort dans les pots cultivés au nitre que dans les pots au sable calciné pur? Veut-on que l'excédant d'azote vienne de l'ammoniaque de l'air? Je demande encore pourquoi l'ammoniaque, qui a agi sur le blé, n'a pas agi sur les colzas cultivés avec 0^{gr},50 de nitre? Je le répète, aucune de ces objections n'est fondée, et l'azote gazeux de l'air peut seul rendre compte de l'excédant d'azote accusé par les récoltes.

9. Par tout ce qui précède, on voit qu'il n'est pas indifférent d'employer une quantité quelconque de nitre. J'ai adopté le chiffre 0gr,792 pour le blé de mars, parce qu'une expérience antérieure m'avait appris la quantité maximum d'azote que vingt pieds de blé peuvent absorber dans les conditions où je devais opérer, et que je savais par d'autres expériences que l'absorption de l'azote de l'air ne commence qu'après l'entier épuisement du nitre.

Pour qu'une absorption d'azote se produisît, il fallait donc rester en deçà d'une certaine limite.

Voici quelques expériences propres à justifier cette assertion.

K. Le 19 janvier 1856 on a semé 20 grains de blé poulard dans 1 kilogramme de sable calciné, auquel on avait ajouté 1gr,765 de nitre, soit 0gr,244 d'azote. On a fait la récolte le 25 juin au moment de la floraison. Elle a produit :

		Azote.	
	gr	gr	
Paille et racines.........	26,87	0,217	0gr,261
Sable employé comme sol.	1005,00	0,044	
Azote de la semence et du nitre...........			0gr,265
Azote tiré de l'air........	0gr,000		

A la date du 25 juin, la récolte n'avait encore rien emprunté à l'air.

L. La même expérience, continuée jusqu'au 13 août, a produit :

			Azote.	
Paille.......	$23^{gr},73$	$38^{gr},12$	$0^{gr},285$	$0^{gr},350$
Racines.....	$14,38$			
119 grains...	$3,45$		$0^{gr},065$	
	$41,56$			

Azote de la semence et du nitre............. $0^{gr},265$
Azote tiré de l'air............ $0^{gr},090$

Si l'on tient compte de l'azote restant dans le sol, le résultat devient :

Azote de la récolte.........	$0^{gr},350$
Azote restant dans le sol....	$0,047$
	$0,397$

Azote tiré de l'air... $0^{gr},132$

M. Je rapporterai encore les résultats d'une expérience faite en 1855 sur le blé poulard.

Le 20 mars 1855, on a semé vingt grains de blé poulard dans 1 kilogramme de sable, auquel on a ajouté $1^{gr},72$ de nitre, soit $0^{gr},238$ d'azote. On a fait la récolte le 19 septembre.

			Azote.	
Paille et racines.	$36^{gr},04$	$37^{gr},37$	$0^{gr},266$	$0^{gr},308$
84 grains......	$1,33$		$0,042$	

Azote de la semence et du nitre............. $0^{gr},259$
Azote tiré de l'air....... $0^{gr},049$

Si l'on tient compte de l'azote qui restait dans le sol, le résultat devient :

Azote de la récolte..........	$0^{gr},308$
Azote restant dans le sable....	$0,039$
	$0,347$

Azote de la semence et du nitre $0^{gr},259$
Azote tiré de l'air............ $0^{gr},088$

§ III.

1. L'absorption des nitrates par les plantes soulève quelques questions d'un grand intérêt. A quel état l'azote du nitre est-il absorbé? L'absorption est-elle pure et simple? Est-elle précédée par un changement d'état? En ce moment on semble contester l'absorption directe; on incline vers l'opinion que le nitre se change en ammoniaque, et on attribue à ce changement l'efficacité du nitre comme engrais. Mais si ce changement avait lieu, à égalité d'azote, le sel ammoniac aurait plus d'action que le nitre. Or, c'est précisément le contraire. Sur le colza la différence va presque du simple au double, et elle se manifeste dès le début de l'expérience. Sur le blé, elle est moindre, quoique considérable encore. Du reste, forte ou faible, du moment que le nitre agit plus que les sels ammoniacaux, il est bien évident que le changement supposé n'a pas lieu.

On peut se faire une idée des différences qu'on constate sous ce rapport par l'inspection des planches photographiques placées à la fin de mon Mémoire. Chaque rectangle du dessin équivaut à 10 centimètres carrés, ce qui permet de mesurer la hauteur de chaque plante, et dans une certaine mesure l'étendue de chaque feuille.

Quelques chiffres nous permettront de mieux préciser encore les différences que je signale.

N. Le 22 juillet on a semé huit graines de colza dans 1 kilogramme de sable, auquel on avait ajouté $0^{gr},50$ de nitre dans un cas, et $0^{gr},264$ de sel ammoniac dans l'autre. On a fait la récolte le 6 septembre.

Culture au nitre.		Culture au sel ammoniac.	
Récolte sèche. .	$5^{gr},450$	Récolte sèche. .	$3^{gr},200$
Azote.	$0^{gr},070$	Azote.	$0^{gr},043$

O. Préparée et conduite comme la précédente, commencée et finie le même jour.

Récolte sèche. .	$5^{gr},140$	Récolte sèche. .	$3^{gr},290$
Azote.	$0^{gr},066$	Azote.	$0^{gr},045$

P. Commencée le 19 juillet, finie le 14 octobre, on a ajouté 1 gramme de nitre dans un pot et $0^{gr},52$ de sel ammoniac dans l'autre.

Culture au nitre.		Culture au sel ammoniac.	
Récolte sèche. .	$15^{gr},20$	Récolte sèche. .	$6^{gr},80$
Azote.	$0^{gr},374$	Azote.	$0^{gr},106$

J'ai fait sur le blé une série d'expériences que j'ai étendues à trois sels ammoniacaux. En voici les résultats.

Q. Vingt grains de blé de mars cultivés avec $0^{gr},772$ de nitrate de potasse, soit $0^{gr},110$ d'azote, ont produit :

	I.		Azote.
	gr		
Paille.	13,70	$20^{gr},70$	$0^{gr},122$
Racines.	7,00		
144 grains.	6,20		$0^{gr},096$
	26,90		$0^{gr},218$

	II.		Azote.
	gr		
Paille.	12,72	$19^{gr},22$	$0^{gr},110$
Racines.	6,50		
154 grains.	7,30		$0^{gr},114$
	26,52		$0^{gr},224$

R. Vingt grains du même blé cultivés avec $0^{gr},419$ de sel ammoniac.

	I.		Azote.
	gr		
Paille........	11,432	15gr,39	0gr,083
Racines......	3,967		
111 grains.....	4,935		0gr,078
	20,334		0gr,161

	II.		Azote.
	gr		
Paille........	9,425	13gr,79	0gr,070
Racines......	4,370		
80 grains.....	3,542		0gr,054
	17,337		0gr,124

S. Vingt grains du même blé avec 0gr,314 de nitrate d'ammoniaque, soit 0gr,110 d'azote.

	I.		Azote.
	gr		
Paille........	8,86	12gr,20	0gr,057
Racines......	3,34		
85 grains.....	3,72		0gr,061
	15,92		0gr,118

	II.		Azote.
	gr		
Paille........	10,62	14gr,56	0gr,061
Racines......	3,94		
126 grains....	5,86		0gr,088
	20,42		0gr,149

T. Vingt grains du même blé, cultivés avec 0gr,850 de phosphate d'ammoniaque.

	I.		Azote.
	gr		
Paille........	9,18	12gr,96	0gr,065
Racines......	3,78		
Grains.......	3,77		0gr,051
	16,73		0gr,116

	II.		Azote
	gr		
Paille	10,78	15gr,82	0gr,082
Racines......	5,04		
100 grains....	4,34		0gr,068
	20,16		0gr,150

MATIÈRES employées comme engrais.		PAILLE et RACINES.	GRAINES.	MOYENNES des récoltes.	AZOTE de chaque récolte.	AZOTE moyen des récoltes.
		gr	gr	gr	gr	gr
Nitre	I.	20,70	6,20	26,71	0,218	0,221
	II.	19,22	7,30		0,224	
Sel ammoniac....	I.	15,10	4,93	18,83	0,161	0,142
	II.	17,34	3,54		0,124	
Nitre et ammon..	I.	12,20	3,72	18,32	0,118	0,133
	II.	14,87	5,86		0,149	
Phosphate d'ammoniaque.....	I.	12,96	3,77	18,40	0,116	0,133
	II.	15,82	4,34		0,150	

La *Pl. IV* représente l'ensemble de ces résultats.

2. Ainsi sur ce point le doute n'est pas possible. Le nitre ne se change pas en ammoniaque, il est absorbé à l'état de nitre.

Reste la question de savoir si l'azote et l'oxygène sont fixés en même temps, ou si la fixation de l'azote est accompagnée par un dégagement d'oxygène, comme cela a lieu pour l'acide carbonique. En ce moment mes expériences ne me permettent pas de résoudre cette question. Je me borne à la poser et me réserve de la traiter dans un travail spécial.

L'idée que les végétaux sont des appareils de réduction et que toute assimilation de leur part est le produit d'une action réductive, est une de ces généralisations anticipées qu'une étude attentive des phénomènes ne confirme presque jamais. Pour l'azote en particulier, cette opinion se trouve en opposition avec les faits les plus avérés. En effet, l'azote peut être absorbé sous trois formes différentes : à l'état d'azote gazeux, à l'état d'ammoniaque et à l'état de nitrate. Il est bien difficile d'admettre que la fixation de l'azote se fait dans ces trois cas de la même manière. On peut concevoir, il est vrai, la possibilité d'une action réductive lorsqu'il s'agit du nitre; mais comment la concevrait-on lorsque l'azote vient de l'ammoniaque, celle-ci n'admettant pas l'oxygène au nombre de ses constituants? Une étude attentive de toutes les conditions dans lesquelles se produit l'assimilation de l'azote, tend donc à démontrer que le même élément peut se fixer dans les végétaux avec une égale facilité par le jeu de réactions différentes, et que la nutrition végétale ne repose pas exclusivement sur des effets de réduction comme on l'avait supposé en se fondant exclusivement sur ceux qui déterminent l'assimilation du carbone aux dépens de l'acide carbonique de l'air.

Mais je m'aperçois que je m'éloigne du sujet principal de ce Mémoire. J'y reviens donc, et pour conclure, je me résume dans les propositions suivantes :

1°. Au moyen du nitre on peut prouver, sans le secours d'aucun appareil, que les plantes absorbent et s'assimilent l'azote gazeux de l'atmosphère.

2°. Le nitre agit par son azote. Il est absorbé à l'état de nitre.

3°. A égalité d'azote, le nitre agit plus que les sels ammoniacaux (1).

---

(1) Dès 1844, M. Kuhlmann avait constaté le même fait, en opérant sur une prairie naturelle :

1844.	Engrais employé sur un hectare.	Récolte obtenue.	Excédant de la récolte.
	kil	kil	kil
Terre non fumée....................	"	3820	"
Terre fumée avec du sulfate d'ammon.	250	5564	1744
Nitrate de soude....................	250	5590	1870
1845. Sur une autre prairie :			
Terre sans engrais..................	"	7744	"
Terre fumée avec du sel ammoniac...	200	9388	1644
Nitrate de soude....................	200	9543	1799

Kuhlmann, *Expériences chimiques et agronomiques*, 1847, pages 59 et 85.

Au lieu d'employer des quantités d'engrais contenant un poids invariable d'azote, M. Kuhlmann a employé un poids invariable d'engrais contenant des quantités d'azote inégales, d'où il suit que si le nitrate de soude, qui contient 15,74 d'azote pour 100, agit autant que le sel ammoniac, qui en contient 20,8 pour 100 (dans l'état où M. Kuhlmann l'a employé), à égalité d'azote le nitrate agit plus que le sel ammoniac.

TROISIÈME PARTIE.

COMMENT LA NATURE DES PRODUITS QUI SE FORMENT PENDANT LA DÉCOMPOSITION DES ENGRAIS PROUVE QUE LES PLANTES ABSORBENT L'AZOTE GAZEUX DE L'ATMOSPHÈRE.

1. M. J. Reiset a observé dans ces derniers temps que toutes les matières organiques perdent une partie de leur azote à l'état d'azote gazeux, lorsqu'elles éprouvent la fermentation putride ; il a constaté ce fait important au moyen de l'appareil qu'il avait déjà employé pour étudier avec M. Regnault la respiration des animaux. (*Annales de Chimie et de Physique*, 3e série, tome XXVI.) Cet appareil se compose essentiellement de deux parties : d'une grande cloche de cristal dans laquelle s'opère la décomposition des matières, et de deux organes mobiles remplis d'une dissolution de potasse caustique pour absorber l'acide carbonique qui se produit pendant leur décomposition. A mesure que cette absorption a lieu, un volume d'oxygène égal à celui de l'acide carbonique qui a disparu, afflue dans l'intérieur de la cloche. La force élastique de l'air reste

donc constante, et sa composition sans cesse troublée et toujours rétablie ne changerait pas s'il ne se produisait que de l'acide carbonique ; mais s'il se produit un autre gaz, de l'azote, par exemple, que la potasse contenue dans les organes mobiles de l'appareil ne peut pas absorber, le rapport primitif entre l'oxygène et l'azote change, et l'importance de ce changement indique combien il s'est dégagé d'azote. En opérant dans ces conditions, M. Reiset a constaté que toutes les matières organiques dégagent en se décomposant des quantités considérables d'azote à l'état gazeux. (*Comptes rendus de l'Académie des Sciences*, tome XLII, page 53.)

2. Avant la publication de ces belles recherches, j'avais été conduit moi-même au même résultat par un chemin plus détourné. Le 17 décembre 1855 j'avais adressé à l'Académie des Sciences une Note sous pli cacheté dans laquelle je formulais les trois propositions suivantes :

1°. Les graines de lupin en voie de décomposition (il est probable que toutes les matières organiques sont dans le même cas) perdent une partie importante de leur azote.

2°. Cette perte se fait en partie à l'état d'ammoniaque et en partie à l'état d'*azote gazeux*.

3°. Dans les conditions où ce dégagement d'azote se produit, il ne se forme pas de nitrate (*Comptes rendus de l'Académie des Sciences*, tome XLIII, page 145, juillet 1856). Voyez à l'*Appendice*.

En rappelant les résultats de mes recherches et l'époque de leur publication, je n'ai pas l'intention d'élever une réclamation de priorité au préjudice de M. Reiset, mais simplement de montrer que j'étais arrivé au même résultat par une voie différente, et que je me suis servi le premier de ce résultat, pour prouver, à nouveau, que les plantes s'assimilent l'azote à l'état gazeux.

3. Je diviserai cette démonstration en deux parties. Dans la première, je ferai connaître la nature des produits qui se forment lorsqu'une matière organique se décompose en dehors de toute influence perturbatrice. Dans la seconde, je reprendrai la même étude lorsque la décomposition de cette matière se produit dans un sol cultivé.

DÉCOMPOSITION DE LA GRAINE DE LUPIN DANS UN SOL SANS CULTURE.

*T**. Dans un pot rempli de sable calciné, j'ajoutai $4^{gr},015$ de graine de lupin en poudre, soit $0^{gr},230$ d'azote (1). Le pot fut placé dans une cuvette de faïence contenant 1 litre d'eau distillée, et le tout enfermé dans une petite cloche hermétiquement fermée. Chaque jour on faisait passer dans l'intérieur de la cloche 500 litres d'air. Avant d'arriver dans la cloche, l'air traversait deux flacons remplis de petits morceaux de ponce imbibés d'acide sulfurique, et deux autres flacons remplis de ponce imbibée d'une dissolution de bicarbonate de soude. Au sortir de la cloche, l'air traversait un tube à boule rempli d'acide chlorhydrique étendu d'eau. Sous l'action de la température extérieure, l'eau qui imbibait le sable s'évaporait en partie, puis se condensait

(1) La graine avait digéré pendant six mois dans de l'eau chargée d'acide carbonique, pour dissoudre les phosphates et les sels terreux qu'elle pouvait contenir.

sur la surface intérieure de la cloche, et de là venait se réunir au fond de l'appareil. Tous les quinze jours on recueillait l'eau ainsi condensée. On y ajoutait 1 gramme d'acide oxalique et on évaporait jusqu'à siccité. L'acide hydrochlorique du tube à boule était traité de la même manière. Enfin on brûlait les deux résidus au moyen de la chaux sodée, comme s'il se fût agi d'un dosage d'azote ordinaire.

L'azote recueilli dans ces conditions représente celui perdu par la matière à l'état d'ammoniaque. Il n'est peut-être pas inutile de remarquer que la vapeur d'eau qui se condense à la surface intérieure de la cloche en contient plus que l'acide employé au lavage de l'air. Quoi qu'il en soit, du 10 mars au 15 juillet, on a recueilli par ce procédé les quantités suivantes d'azote :

	gr
Du 19 mars au 12 avril.....	0,00997
Du 13 avril au 30 avril.....	0,01800
Du 30 avril au 15 mai......	0,00900
Du 15 mai au 26 mai......	0,00550
Du 26 mai au 15 juin.....	0,00600
Du 15 juin au 26 juin.....	0,00550
Du 26 juin au 10 juillet....	0,00441
	0,05838

Ainsi en trois mois le pot a perdu 0gr,058 d'azote à l'état d'ammoniaque. A la fin de l'expérience le pot fut mis à l'étuve et son contenu versé sur un tamis de toile métallique, pour séparer la brique du sable. Le poids du sable s'éleva à 1001 grammes, dans 100 grammes duquel l'analyse accusait 0gr,0093 d'azote. Le résultat définitif de l'expérience devient donc :

Avant l'expérience :

Azote ajouté au sable...........		$0^{gr},238$
Azote recueilli à l'état d'ammoniaque	$0^{gr},058$	
Azote restant dans le sable........	0,093	
	0,151	0,238
Azote perdu à un état indéterminé.	0,087	

Je pensai d'abord à la formation d'un nitrate pour expliquer l'azote manquant. 200 grammes de sable et 100 grammes de brique, lavés à l'eau distillée, ne m'en fournirent pas trace. En présence de ce résultat, *j'admis que la perte s'était faite à l'état d'azote gazeux*. Les expériences de M. Reiset ont fait passer depuis cette supposition dans le domaine des réalités.

Du reste, en admettant seulement que $3^{gr},015$ de graines de lupin perdent $0^{gr},151$ d'azote dont 58 à l'état d'ammoniaque, on va voir que cette expérience suffit pour prouver que les plantes s'assimilent l'azote de l'air.

DÉCOMPOSITION DE LA GRAINE DE LUPIN DANS UN SOL CULTIVÉ.

U. Le 19 mars on prépara sept pots comme celui de l'expérience précédente, et on sema dans chaque pot vingt grains de blé poulard. Par l'engrais et la semence, chaque pot avait reçu $0^{gr},259$ d'azote.

Le 25 mars, la germination était complète : le blé poulard étant un blé d'hiver, chaque grain poussa plusieurs tiges au lieu d'un chaume unique. Le blé talla beaucoup. Désespérant même qu'il vînt à maturité, le 13 juillet je me décidai à faire la récolte de cinq pots, me réservant de prolonger l'expérience sur les deux autres. Après avoir enlevé les récoltes, tous les pots furent mis à l'étuve, et lorsque le sable fut sec, le contenu de chaque pot fut vidé sur un tamis pour séparer le sable des racines et de la brique. Enfin le sable de chaque pot fut analysé, et on obtint finalement les résultats suivants :

	Azote.	
	gr	
Pot n° 1........	0,091	
Pot n° 2........	0,099	Moyenne.
Pot n° 3........	0,100	0^{gr},099
Pot n° 4........	0,102	
Pot n° 5........	0,106	

Le sable du pot sans végétation ayant accusé 0^{gr},093, c'est-à-dire une perte égale, il en résulte que la perte est indépendante de la végétation. Cette expérience prouve de plus que la graine de lupin n'a pas été absorbée en nature, mais qu'elle a agi sur les plantes par les produits de sa décomposition.

3. Nous avons constaté (*Expérience T**) que la graine de lupin avait perdu, en se décomposant, 0^{gr},058 d'ammoniaque à l'état d'azote.

S'il est vrai que les plantes ne puissent s'assimiler l'azote qu'à l'état d'ammoniaque, et que dans un sol fumé, c'est toujours aux dépens du fumier que se fait l'absorption, les récoltes des cinq expériences rapportées plus haut ne devront pas contenir plus de 0^{gr},058 d'azote, lesquels augmentés de 0^{gr},021 contenus dans la semence, font un total de 0^{gr},079. Or voici ce que l'expérience accuse :

	Récolte sèche.	Azote.
	gr	gr
Pot n° 1........	14,15	0,116
Pot n° 2........	16,72	0,142
Pot n° 3........	14,37	0,123
Pot n° 4........	9,40	0,090 (1)
Pot n° 5........	17,50	0,152

Toutes les récoltes contenant plus de 0gr,079 d'azote, l'ammoniaque venu de l'engrais n'en peut rendre compte : l'absence de toute nitrification empêche qu'on fasse intervenir les nitrates. Il ne reste donc plus qu'une absorption directe et immédiate d'azote gazeux pour expliquer l'excédant d'azote accusé par les récoltes.

De toutes les expériences qui précèdent, la dernière présente un intérêt tout particulier. Elle accuse, en effet, la fixation d'une quantité d'azote égale à la totalité de celui perdu par la graine de lupin.

En effet :

Avant l'expérience.

	Azote.	
	gr	
20 grains de blé.........	0,021	0gr,259
4gr,015 de graine de lupin..	0,238	

Après l'expérience.

	Azote.	
	gr	
17gr,5 de récolte..........	0,152	0gr,258
Restant dans le sable......	0,106	

4. On peut faire deux objections contre la conclusion d'une absorption directe. On peut d'abord nier le résultat ou le déclarer entaché d'inexactitude. Sur ce premier point, la réponse est facile. Les résultats qui précèdent ne sont pas sans antécédent dans la science, et je puis pour les défendre me couvrir d'une expérience à laquelle je suis

(1) Pas de phosphate dans le pot.

étranger, et qui est conforme à mes conclusions (1). La seconde objection est plus spécieuse. On peut dire que l'azote à l'état naissant que le fumier dégage n'est pas de l'azote ordinaire; qu'il est bien possible en effet que les plantes absorbent l'azote sous cette forme, mais que cela ne prouve rien en faveur d'une absorption d'azote opérée aux dépens de l'atmosphère.

A mon tour je réponds : Sur les sept pots mis en expérience le 19 mars, cinq ont été récoltés le 13 juillet, mais les deux autres n'ont été récoltés que le 20 septembre. Or voici ce que ces deux-là ont produit :

			RÉCOLTE.	AZOTE de la récolte.	AZOTE du sable.	AZOTE total.
Pot n° 6.	Paille ...	gr 22,24	gr 23,24	gr 0,188	gr 0,096	gr 0,285
	Grains...	0,82				
Pot n° 7.	Paille...	20,34	21,36	0,169	0,103	0,272
	Grains...	0,42				

Les deux récoltes accusent une absorption d'azote supérieure à la perte totale éprouvée par le fumier. Il faut donc admettre une absorption indépendante de l'azote naissant produit par la décomposition du fumier? Mais les deux expériences qui précèdent n'ayant pas d'analogues dans la science, je reviens à l'expérience du pot n° 5, et à son aide je vais montrer que dans toutes les expériences que je viens de rapporter, il y a eu absorption d'azote gazeux aux dépens de l'air.

(1) *Comptes rendus des séances de l'Académie des Sciences*, t. XXXVII, page 606.

Dans cette expérience, avons-nous dit, la quantité d'azote fixée par la récolte est juste égale à celle de l'azote perdue par le fumier. Mais de ce qu'il y a égalité entre ces deux quantités, s'ensuit-il que l'une soit originaire de l'autre? Sans nier qu'il en puisse être ainsi, j'ai voulu cependant m'en assurer, et pour y parvenir, j'ai fait cette année les deux expériences suivantes.

V. J'ai enfermé dans une cloche quatre pots remplis de sable, j'ai ajouté au sable de chaque pot $1^{gr},855$ de graines de lupin, soit $0^{gr}110$ d'azote par pot. J'ai placé dans une autre cloche quatre pots préparés de la même manière, et j'ai semé dans chaque pot vingt grains de blé de mars. Enfin, j'ai muni chaque cloche d'un tube à boule, rempli d'acide hydrochlorique pour recueillir l'ammoniaque que les pots pourraient dégager dans l'air. En un mot, j'ai voulu répéter plus en grand l'expérience *T**, pour savoir si la végétation utilise la totalité ou seulement une fraction de l'ammoniaque produite pendant la décomposition des engrais.

Or, les deux expériences, commencées le 10 mars et terminées le 25 juillet, ont accusé les pertes suivantes d'azote :

	Cloche sans plante. Azote. gr	Cloche avec plante. Azote. gr
Du 10 mars au 10 avril....	0,0171	0,00858
Du 10 avril au 25 avril...	0,0088	0,00415
Du 25 avril au 10 mai...	0,0057	0,00282
Du 10 mai au 25 mai....	0,0082	0,00433
Du 25 mai au 10 juin....	0,0077	0,00303
Du 10 juin au 25 juin....	0,0091	0,00274
Du 25 juin au 10 juillet...	0,0080	0,00427
Du 10 juillet au 25 juillet...	0,0129	0,01100
	0,0775	0,04092

Mais si les plantes n'absorbent qu'une partie de l'ammoniaque provenant des fumiers, est-il présumable qu'elles absorbent la totalité de l'azote perdu par eux, à l'état d'azote gazeux, et du reste, l'eussent-elles absorbé, ne faudrait-il pas recourir à l'atmosphère pour compenser l'ammoniaque recueillie dans l'expérience, et dont les plantes n'ont pu évidemment profiter? Ces expériences nous ramènent donc encore à une absorption d'azote gazeux puisé dans l'air.

Comme confirmation des résultats qui précèdent, je rapporterai les résultats des expériences suivantes, faites cette année en opérant sur le blé de mars.

X. Le 10 mars 1856, on a rempli cinq pots avec 1000 grammes de sable, pur et calciné, auquel on a ajouté $1^{gr},855$ de graine de lupin en poudre, soit $0^{gr},110$ d'azote par pot. Le 25 juillet, on a recueilli et desséché le sable de chaque pot, il contenait les quantités suivantes d'azote (1) :

	Azote.	
	gr	
Pot n° 1......	0,044	
Pot n° 2......	0,047	En moyenne.
Pot n° 3......	0,040	$0^{gr},041$
Pot n° 4......	0,032	
Pot n° 5......	0,040	

Ainsi chaque pot a perdu en moyenne $0^{gr},70$ d'azote du 10 mars au 25 juillet.

Y. Le 10 mars 1856, on a préparé quatre pots comme les précédents, et on a semé dans chaque pot vingt grains de blé de mars. Le 25 juillet, on a fait la récolte. Le sable

---

(1) Les quatre premiers étaient enfermés dans une cloche : ce sont ceux de l'expérience *V*. On a laissé le cinquième à l'air libre.

de chaque pot contenait les quantités suivantes d'azote :

Pot n° 1......	gr 0,046	En moyenne. $0^{gr},042$
Pot n° 2......	0,046	
Pot n° 3......	0,038	
Pot n° 4......	0,040	

Ainsi les pots cultivés ont perdu sensiblement la même quantité d'azote que les pots sans culture. C'est la reproduction du résultat que j'ai rapporté à l'expérience *U*.

Z. Quatre pots préparés comme ceux de l'expérience *X* et cultivés à l'air libre ont produit les récoltes suivantes :

	I.		Azote.
Paille......	gr 11,74	$17^{gr},44$	$0^{gr},078$
Racines....	5,70		
98 grains...	4,32		$0^{gr},061$
	21,76		$0^{gr},139$

Avec l'azote du sable :

Azote de la récolte.........	gr 0,139
Azote resté dans le sable....	0,046
	0,185

	II.		Azote.
Paille.....	gr 11,68	$15^{gr},94$	$0^{gr},073$
Racines....	4,26		
109 grains...	4,66		$0^{gr},065$
	20,60		$0^{gr},138$

Avec l'azote du sol :

Azote de la récolte.........	gr 0,138
Azote resté dans le sable....	0,046
	0,184

III.	gr		Azote.
Paille......	9,17	14gr,68	0gr,070
Racines....	5,51		
98 grains...	3,41		0gr,042
	18,09		0gr,112

Avec l'azote du sol :

	gr
Azote de la récolte.........	0,112
Azote resté dans le sable...	0,038
	0,150

IV.	gr		Azote.
Paille.......	9,56	14gr,49	0gr,063
Racines.....	4,93		
93 grains...	3,34		0gr,055
	17,83		0gr,118

Avec l'azote du sable :

	gr
Azote de la récolte......	0,118
Azote du sable.........	0,040
	0,158

Ainsi, chaque pot ayant reçu 0gr,126 d'azote par le fumier et les semences, les récoltes, augmentées de l'azote du sol, ont accusé les quantités suivantes :

	Azote employé.	Azote obtenu.	Azote excédant.
	gr	gr	gr
Pot n° 1.....	0,126	0,185	0,059
Pot n° 2.....	0,126	0,184	0,058
Pot n° 3.....	0,126	0,150	0,024
Pot n° 4.....	0,126	0,158	0,032
	0,504	0,677	0,173

c'est-à-dire que, sans tenir compte de l'azote perdu par le sol, l'expérience accuse un excédant et reproduit en petit ce qui arrive dans la grande culture.

Aa. Voulant répéter la même expérience avec une autre matière azotée, le 10 mars, j'ai mis dans un pot 1000 grammes de sable pur, auquel j'ai mêlé $13^{gr},55$ de sable gélatiné (1) ou $0^{gr},110$ d'azote. Le 25 juillet, le sable contenait :

Azote........ $0^{gr},043$

Ab. Le 10 mars, on a préparé deux pots semblables, et on a semé vingt grains de blé de mars dans chacun. Le 25 juillet on a fait la récolte. Le sable de chaque pot, séché et analysé, contenait :

Pot n° 1...... $0^{gr},042$
Pot n° 2...... $0^{gr},045$

Ac. Les récoltes séchées et analysées ont fourni :

	I.		Azote.
	gr		
Paille.......	12,27	$16^{gr},22$	$0^{gr},075$
Racines.....	3,95		
138 grains...	6,17		$0^{gr},097$
	22,39		$0^{gr},172$

Avec l'azote du sable :

	gr
Azote de la récolte........	0,172
Azote resté dans le sable....	0,042
	0,214

	II.		Azote.
	gr		
Paille.......	12,31	$17^{gr},24$	$0^{gr},072$
Racines......	4,93		
123 grains...	5,42		$0^{gr},077$
	22,66		$0^{gr},149$

(1) Pour obtenir le sable gélatiné, on délaye un excès de sable dans une dissolution de gélatine, on dessèche à l'étuve, on pulvérise, et on passe à travers un tamis fin.

Avec l'azote du sable :

	gr
Azote de la récolte........	0,149
Azote resté dans le sable....	0,045
	0,194

Résumé des résultats qui précèdent.

MATIÈRES EMPLOYÉES comme engrais.		PAILLE et RACINES.	GRAINES.	POIDS moyen des récoltes	AZOTE de chaque récolte.	AZOTE moyen des récoltes.	AZOTE moyen des récoltes et du sol.
1gr,885 de graines de lupin......	I.	gr 17,44	4,32	gr 21,18	gr 0,139	gr 0,138	gr 0,185
	II.	15,94	4,66		0,138		
Id...........	III.	14,68	3,71	18,12	0,112	0,115	0,154
	IV.	14,49	3,32		0,118		
13gr,55 de sable gélatiné......	I.	16,22	6,17	22,56	0,172	0,160	0,204
	II.	16,22	5,42		0,149		

De ce qui précède, il résulte donc les conclusions suivantes :

1°. Tout corps de nature organique en voie de décomposition perd une partie de son azote à l'état d'ammoniaque et à l'état d'azote gazeux ;

2°. La végétation ne trouble pas la marche de cette décomposition ;

3°. Les plantes cultivées dans un sol fumé absorbent plus d'azote que le fumier ne produit d'ammoniaque ;

4°. L'excédant d'azote accusé par les récoltes a été absorbé à l'état d'azote gazeux.

QUATRIÈME PARTIE.

VÉRIFICATION DE MES PREMIÈRES EXPÉRIENCES, DISCUSSION DE LEURS RÉSULTATS.

En 1853, j'ai réuni dans un petit in-folio l'ensemble de mes recherches sur l'absorption de l'azote par les plantes. Le procédé que j'ai suivi pour exécuter ces recherches a consisté invariablement à cultiver les plantes dans du sable calciné pur de toute matière azotée, les pots qui servaient à l'expérience étant enfermés d'ailleurs dans une atmosphère absolument dépouillée d'ammoniaque et de tout principe azoté. Ainsi la végétation avait lieu dans un sol formé exclusivement de sable calciné, et dans une atmosphère composée d'oxygène, d'azote et d'acide carbonique; les plantes ne pouvaient donc puiser de l'azote que dans l'azote même de l'air. Or les récoltes obtenues dans ces conditions accusent un excédant d'azote qui est quelquefois considérable. Sous ce rapport, le résultat est très-net. Le seul reproche qu'on puisse faire à cette méthode, c'est d'être d'un emploi borné et incertain. Toutes les plantes ne sont pas aptes à végéter dans ces conditions anormales. Parmi celles qu'on peut employer avec avantage, toutes n'offrent pas les mêmes chances de succès. Depuis trois ou quatre ans, chaque année j'ai répété quelqu'une de mes premières expériences. A côté de quelques insuccès dont la véritable cause m'échappe, j'ai eu la satisfaction de voir d'autres résultats se reproduire avec une constance et une netteté qui ne peuvent laisser planer aucun doute sur la certitude de mes premières conclusions. Je n'ai jamais éprouvé de mécompte ni avec le blé, ni avec le tabac. Depuis trois ans, j'ai répété plus de trente fois l'expérience, et toujours avec le même succès.

Avec le cresson et le colza, mes tentatives n'ont pas été aussi heureuses, sans que je puisse dire au juste la cause de mes insuccès. Je les ai attribués tour à tour à des conditions différentes de température, à la qualité des graines ; mais j'ai reconnu depuis le peu de fondement de ces explications. En effet, dans l'expérience faite au Jardin des Plantes sous les auspices d'une Commission nommée par l'Académie des Sciences, dans une même cloche, trois pots préparés de la même manière et placés dans les mêmes conditions ont donné les résultats suivants :

	Pot I.	Azote.
Semence sèche........	0gr,124	0gr,004
Récolte sèche.........	6gr,025	0gr,053
Azote tiré de l'air......	0gr,049	

	Pot II.	Azote.
Semence sèche	0gr,127	0gr,004
Récolte sèche	1gr,506	0gr,011
Azote tiré de l'air......	0gr,007	

(1) *Comptes rendus des séances de l'Académie des Sciences*, tome XLI, page 757, Rapport de M. Chevreul.

	Pot III.	Azote
Semence sèche.......	$0^{gr},319$	$0^{gr},0099$
Récolte sèche	$2^{gr},242$	$0^{gr},0097$
Azote tiré de l'air......		$0^{gr},00$

Ainsi voilà trois pots préparés avec le même sable, renfermés dans la même cloche et plongeant tous les trois dans la même eau, qui leur était commune à tous trois : l'un reproduit, avec une approximation vraiment remarquable. mes résultats de 1853 (1) ; dans un autre, le résultat est positif, mais il s'éloigne du premier ; dans le troisième, le résultat est négatif.

A quelle cause peut-on attribuer ces variations ? Je ne puis répondre à cette question d'une manière satisfaisante.

J'ai constaté sur le colza des singularités aussi inattendues et non moins inexplicables.

En effet, si on sème du colza d'hiver au mois de mai, et qu'on le repique au mois de juin, dans un sol formé de sable calciné, il peut se présenter trois cas : — la plante reprend, mais elle ne prospère pas, la végétation reste stationnaire, les feuilles nouvelles tombent à mesure qu'il en pousse de nouvelles ; — la plante reprend et prospère, mais ses feuilles sont étroites, leur limbe est presque adhérent à la tige, et la tige monte et ne grossit pas, la quantité d'azote absorbée est faible ; — la plante reprend, elle pousse de larges feuilles et en grand nombre, la tige ne monte pas : dans ce cas, la récolte accuse un excédant d'azote considérable.

A quoi faut-il attribuer les différences que je signale là ?

(1) G. Ville, *Recherches expérimentales sur la végétation* ; tome Ier, page 129.

Très-probablement à des conditions différentes de température. Je crois même que je pourrais présenter une analyse raisonnée de ces effets, et j'y céderais volontiers, s'il ne me manquait encore le bénéfice d'une confirmation expérimentale de l'opinion que je me suis faite à cet égard.

Avec le tabac et avec le blé, quelques anomalies peuvent se présenter aussi; mais ces anomalies, mieux déterminées dans leur cause, n'empêchent pas le résultat principal de se produire. Avec ces deux plantes, la végétation accuse toujours une absorption d'azote qui va de $0^{gr},025$ à $0^{gr},040$ pour chaque pot de blé; de $0^{gr},050$ à $0^{gr},120$ pour chaque pot de tabac. Avec ces deux plantes, l'expérience est plus sûre qu'avec toutes autres, c'est donc sur elles que j'insisterai de préférence.

Le blé est très-avantageux pour les expériences en plein air, et le tabac pour les expériences dans les cloches.

J'ai déjà rapporté aux expériences *I* et *J*, pages 41 et 42, les résultats que j'ai obtenus avec le blé; je n'y reviendrai pas : je me bornerai à décrire avec détail comment il faut préparer et conduire l'expérience.

Préparation de l'expérience. Les pots dont je me sers proviennent de la fabrique de M. Follet, rue des Charbonniers, à Paris; ils sont coniques, ils ont 12 centimètres de haut et 12 centimètres d'ouverture; ils sont percés à la partie inférieure de quatre fentes de 2 centimètres de haut et de 1 demi-centimètre de large; chaque pot est placé au centre d'une cuvette en faïence vernie qui a 22 centimètres de diamètre et 6 centimètres de profondeur; on met dans cette cuvette 1 litre d'eau distillée.

Dans l'intérieur du pot, on met d'abord 600 grammes

de brique en fragments gros comme des noisettes. Je me sers habituellement des briques qui ont servi pour le revêtement intérieur des fours à porcelaine de la manufacture de Sèvres. Au-dessus de cette couche de brique, on étend sans le tasser 1000 grammes de sable blanc d'Aumont, on humecte le sable avec 125 grammes d'eau distillée, et on y ajoute les matières salines suivantes :

	gr
Phosphate de chaux	2,61
Phosphate de magnésie.	3,80
Sulfate de chaux	0,10
Chlorure de sodium	0,10
Peroxyde de fer hydraté	0,10

On ajoute dans l'eau de la cuvette :

Silicate de potasse.	3,09 (1)
Silicate de soude	0,26

L'époque la plus convenable pour les semis, c'est du 10 au 15 mars. Il faut garder les pots dans une serre chaude dont on maintient la température entre 20 et 25 degrés, jusqu'aux premiers jours d'avril. Du reste, à cet égard, il n'y a pas de règle absolue. C'est l'état de la saison qui détermine le moment où l'on peut sortir les pots. Chaque jour on arrose les pots soir et matin avec une seringue en étain, dont le canal d'écoulement est terminé par une petite pomme d'arrosoir. De cette manière on arrose plusieurs pots à la fois, et l'arrosage se fait comme par une pluie fine.

Lorsque le moment de sortir les pots est venu, je les

(1) On prépare le silicate en frittant 65 grammes de potasse caustique avec 200 grammes de sable d'Étampes. Pour que l'attaque se fasse bien, il faut une température très-élevée.

place dans une serre à claire-voie, comme les volières, et recouverte par un toit vitré. Cette disposition est très-commode ; elle met les plantes à l'abri de la pluie et les protége contre les rats et les moineaux, qui sont très à craindre lorsqu'on opère sur le blé.

Un point très-essentiel, c'est que la germination se fasse bien; pour cela, il faut éviter les changements trop brusques de température et surtout le froid trop vif des nuits. On se place dans de bonnes conditions sous ce rapport en ne sortant les pots que dans les premiers jours d'avril.

Une précaution qu'il ne faut pas négliger non plus, c'est d'abriter les plantes contre l'action du vent, lorsqu'il souffle avec trop de force. Pour cela, j'ai l'habitude d'étendre des rideaux de toile sur toute la surface des grillages extérieurs de la serre, et ce moyen m'a donné d'excellents résultats.

Quant à la calcination des pots, de la brique et du sable, jusqu'en 1852 j'ai eu recours aux fours à porcelaine de la manufacture de Sèvres; mais depuis 1854 je me sers d'un grand moufle, qui est placé dans un fourneau construit tout exprès, et dans lequel je puis calciner d'un seul coup 40 kilogrammes de sable et 50 pots. Le chauffage du moufle se fait au bois et au coke. Chaque calcination dure dix-huit heures.

J'ai dit en commençant cet article que j'entrerais dans des détails minutieux : qu'on m'excuse donc si j'insiste. Mais on va voir à quels mécomptes on s'expose lorsqu'on change les conditions pratiques d'une expérience de l'ordre de celles qui nous occupent.

J'ai dit que j'employais des pots percés de fentes sur les côtés. J'ai dit encore que je plaçais chaque pot dans une cuvette qui contenait 1 litre d'eau distillée. Chacune de ces conditions est essentielle. Si l'on supprime le litre d'eau de la cuvette et qu'on remplace les pots percés de trous par des pots dont les parois sont pleines, l'expérience ne réussit pas : la végétation est chétive et languissante. La raison de ce changement n'est pas difficile à découvrir.

En effet, cent pieds de blé venus dans les conditions d'une bonne culture pèsent 394^{gr},21, et se répartissent de la manière suivante :

	gr
3030 grains......	142,00
Balles...........	30,40
Paille............	221,00
	394,21

La paille et les balles mêlées ensemble ont laissé après leur combustion 10^{gr},816 de cendres, et les grains 3^{gr},227 : soit 14^{gr},04 pour la récolte entière.

Pour opérer dans de bonnes conditions, il faut que le blé cultivé dans le sable calciné puisse absorber autant de matière saline que celui venu dans la bonne terre. Supposons donc qu'on ajoute aux 1000 grammes de sable employé la cendre de trente pieds de blé, le sable en aura reçu 4^{gr},2 représentés par les éléments suivants :

	Cendres de la paille. 3gr,243.	Cend. des grains. 0gr,968.
	gr	gr
Potasse.	0,50	0,25
Soude.	0,10	0,30
Chaux.	0,11	0,02
Magnésie.	»	0,12
Oxyde de fer.	0,07	0,02
Chlore.	0,007	0,00
Acide sulfurique .	0,03	0,003
Acide phosphorique.	0,13	0,55
Silice.	2,34	0,003 (1).

C'est-à-dire que le sable aura reçu de 0gr,8 à 1 gramme d'alcalis, lesquels, dissous dans les 1125 grammes d'eau employés, forment une dissolution à $\frac{2}{3}$ de millième. Mais, au lieu d'opérer dans ces conditions, supposons qu'on supprime l'eau de la cuvette. Alors la quantité d'eau employée ne sera plus que de 125 grammes, et elle contiendra 1 pour 100 de sels alcalins. Si, pour éviter les chances d'erreur que l'emploi d'un kilogramme de sable peut faire naître, on réduit cette quantité à 250 grammes, la quantité d'eau nécessaire pour mouiller le sable ne sera plus que de 30 grammes, et cette eau formera une dissolution alcaline à 3 pour 100.

Croyez-vous qu'il soit indifférent d'adopter l'une ou l'autre de ces trois conditions ?

J'ai dit que je me servais de pots percés de trous sur les côtés, et que je mettais au fond des pots une première couche formée de morceaux de briques. Grâce à cette disposition, le sous-sol est aéré, les racines peuvent s'étendre librement. Il se forme une quantité de chevelu considé-

(1) *Annuaire* de MM. Millon et Reiset, pour 1847, page 653.

rable. Admettons cependant qu'on n'attache pas d'importance à ce détail. Supposons qu'au lieu d'un pot de terre poreuse, on opère dans un pot de porcelaine ou de terre compacte ; supposons enfin qu'on supprime la couche inférieure de brique, et les trous dont les parois des pots étaient percées et par lesquels les racines avaient une issue. Qu'arrivera-t-il? L'expérience ne réussira pas. Il ne se produira pas d'absorption sensible d'azote. Le poids de la récolte ne sera que moitié ou un tiers de la récolte obtenue dans les premières conditions.

A l'appui de mon assertion, je rapporterai une expérience faite cette année même.

Voulant étudier l'action des matières salines sur la culture du blé, j'ai préparé un certain nombre de pots, et pour apprécier l'influence des matières salines que les pots et la brique pourraient céder à l'eau, j'ai fait chaque expérience en double : une fois en opérant à la manière ordinaire, une autre fois en opérant dans un pot de toile. J'omets les soins avec lesquels la toile avait été lavée. Chaque pot de cette série était placé sur une lame de verre ; celle-ci était posée sur quatre petits morceaux de faïence. Chaque pot était dans une cuvette séparée, qui contenait 1 litre d'eau distillée.

Dans les deux cas, les matières salines, le sable et l'eau étaient absolument les mêmes. Tout, dans les deux expériences, était semblable, à cette différence près que dans un cas les racines traversaient un sous-sol aéré pour se rendre dans l'eau de la cuvette, et que dans l'autre cas elles ne pouvaient sortir de la toile. Ce changement, en apparence bien infime, a suffi néanmoins pour changer complétement le sens du résultat, comme on peut s'en convaincre par les chiffres suivants :

Végétation dans les pots préparés à la manière ordinaire.

I.

	gr		Azote.
Paille	4,18	6gr,25	0gr,032
Racines.....	2,08		
37 grains....	1,38		0gr,021
	7,64		0gr,053

Azote de la semence ... 0gr,016
Azote tiré de l'air...... 0gr,037

II.

	gr		Azote
Paille.......	4,69	6gr,75	0gr,033
Racines.....	2,06		
49 grains...	1,88		0gr,028
	8,63		0gr,061

Azote de la semence.. 0gr,016
Azote tiré de l'air...... 0gr,045

Dans les pots de toile.

I.

	gr		Azote.
Paille.......	1,93	3gr,29	0gr,016
Racines.....	1,36		
4 grains.....	0,11		0gr,002
	3,58		0gr,018

Azote de la semence... 0gr,016.
Azote tiré de l'air..... 0gr,002.

II.

	gr		Azote.
Paille.......	2,39	3gr,89	0gr,023
Racines.....	1,50		
9 grains.....	0,17		0gr,003
	4,65		0gr,026

Azote de la semence .. 0gr,016
Azote tiré de l'air..... 0gr,010

On trouvera à la *Pl. III*, la photographie de ces deux cultures.

Je passe à l'expérience sur le tabac :

On prépare les pots exactement comme pour le blé. On met dans chaque pot 600 grammes de brique en fragments, 1000 grammes de sable mouillé avec 125 grammes d'eau distillée, et en y ajoutant les matières salines suivantes :

	gr
Chaux caustique.........	3,00
Magnésie.............	0,96
Chlorure de sodium......	0,20
Phosphate de chaux.....	0,80
Oxyde de fer...........	0,40
Sulfate de chaux.......	0,50

Dans l'eau de la cuvette :

Bicarbonate de potasse....	2,00

Le mois de juin est l'époque la plus favorable. Il faut donc faire les semis au mois de mars. Pour ces semis, la terre de jardin vaut mieux que le terreau. J'ai l'habitude de faire cinq ou six semis à dix jours d'intervalle ; de cette manière on est sûr d'avoir des plantes au point convenable lorsque le moment de commencer l'expérience est venu. Il va sans dire qu'on doit garder les semis dans une serre.

Lorsque les tabacs ont acquis le poids de 5 à 6 grammes (à l'état vert), le moment de les transplanter est venu. Deux jours d'avance, on cesse de les arroser, et pendant la soirée du second jour, on les enlève du sol sur une motte de terre, dont on détache la plus grande partie à la main, pour enlever les dernières parcelles de terre ; on trempe la racine dans une dissolution faite avec :

Nitre...........	$1^{gr},00$
Eau distillée.....	$100^{gr},00$

On prend le poids de la plante en cet état, et on la repique immédiatement dans le pot, préparé comme il a été dit. A cet effet, on fait un trou au milieu du sable avec une fourchette, on étale les racines le plus possible, puis on les recouvre avec du sable qu'on tasse modérément, et on arrose le pied de la plante avec 40 grammes d'eau distillée.

Lorsqu'on a préparé ainsi huit à dix pots, on les porte dans un lieu abrité, on recouvre chaque pot avec un manchon de verre, et on étend sur les manchons des serviettes trempées dans l'eau. La première nuit se passe très-bien. Le lendemain les plantes sont aussi fraiches, aussi vivaces que la veille. On les tient ainsi pendant trois ou quatre jours à l'abri du soleil, et toujours recouvertes par des linges mouillés. L'action du soleil leur serait funeste. S'il arrive, malgré toutes ces précautions, que quelques feuilles s'infléchissent, on les relève au moyen d'un fétu de paille qu'on enfonce dans le sable, afin que le pétiole ne se fatigue pas. Presque toujours les feuilles, en partie fanées, reprennent et se raniment comme le reste de la plante. Dans la soirée du quatrième jour, on choisit les pots qui ont le meilleur aspect, et on les introduit dans la cage qui leur est destinée.

On met l'aspirateur en marche. L'expérience est commencée.

Les premiers jours exigent beaucoup de surveillance. Il faut écarter l'action du soleil non-seulement au moyen de rideaux tendus au-dessus des appareils, mais encore au moyen de linges qu'on entretient mouillés, et par lesquels on prévient les mauvais effets d'une trop grande élévation de température; même lorsque l'expérience est en train depuis un mois ou deux, il faut avoir recours à ce moyen pendant les chaudes journées d'été.

En procédant comme je viens de le dire, on ne manque pas une expérience sur dix. Depuis l'année dernière, sur vingt-trois que j'ai exécutées une seule a manqué.

Au lieu d'attendre quatre jours avant d'introduire les plantes dans l'appareil, on peut les introduire immédiatement après le repiquage; mais on se prive alors du bénéfice de choisir celles qui ont le mieux repris : dans ce cas il faut s'astreindre à couvrir pendant plusieurs jours les cages vitrées avec des rideaux mouillés.

L'emploi d'une dissolution nitrée pour laver les racines offre de grands avantages et n'a aucun inconvénient. Pour savoir combien les racines de chaque plante ont prélevé d'azote, j'ai l'habitude de placer 100 grammes de la dissolution dans autant de verres séparés que je dois repiquer de plantes. Après le repiquage, chaque dissolution est jetée sur un filtre, le résidu terreux lavé à l'eau distillée, et le nitre de la dissolution dosé au moyen de l'hydrogène sulfuré et de la chaux sodée. La moyenne de huit déterminations s'est élevée à $0^{gr},0015$ d'azote par plante. L'expérience réussit encore en repiquant les plantes sans laver les racines. Alors on se borne à détacher le sable qui y est adhérent avec un pinceau de blaireau.

En opérant sur des tabacs dont les racines n'avaient pas été lavées, j'ai obtenu, en 1855, les résultats suivants :

	TABACS repiqués desséchés à 100°.	AZOTE.	RÉCOLTE DESSÉCHÉE à 100 degrés.	AZOTE.
	gr	gr	gr	gr
1.	0,45	0,019	5,77	0,127
2.	0,29	0,012	5,85	0,117
Tabacs repiqués...	0,74	"	Récolte ... 11,62	"
Totalité de l'azote......		0,031	Totalité de l'azote..	0,244

Poids des récoltes formées dans la cloche.. 10gr,880
Azote tiré de l'air...... .... 0gr,213

Les deux cultures avaient lieu dans la même cloche, elles ont commencé le 7 août et fini le 6 octobre.

En 1856, j'ai fait les deux expériences suivantes :

	TABACS repiqués desséchés à 100°.	AZOTE.	RÉCOLTE DESSÉCHÉE à 100 degrés.	AZOTE.
	gr	gr	gr	gr
1.	0,62	0,018	6,96	0,068
2.	0,30	0,010	4,65	0,054
3.	0,26	0,009	9,82	0,100
4.	0,54	0,016	1,81	0,018
Tabacs repiqués ..	1,71		Récolte... 23,27	
Totalité de l'azote.. ..		0,053	Totalité de l'azote..	0,240

Poids des récoltes formées dans la cloche.. 21gr,83
Azote tiré de l'air....... .... 0gr,187

L'expérience a commencé le 12 juin et fini le 20 septembre. A partir du 20 août, les plantes ont plutôt perdu que gagné. Les feuilles se sont étiolées, et celles du pied n° 3 se sont couvertes de moisissures. Il n'est pas douteux que la récolte n'eût été plus azotée si je l'eusse faite plus tôt.

Ainsi voilà deux expériences dans lesquelles un seul pot accuse jusqu'à $0^{gr},127$ d'azote.

Ces expériences ont été faites avec une régularité idéale.

Pour apprécier toute la valeur de ces résultats, il faut les rapprocher de ceux obtenus avec le blé. Avec le blé cultivé à l'air libre dans du sable calciné sans addition d'aucune matière azotée (EXPÉRIENCE I, page 41); l'excédant d'azote accusé par la récolte est de $0^{gr},040$. Cet excédant s'élève à $0^{gr},090$ lorsqu'on ajoute au sable $0^{gr},792$ de nitre (EXPÉRIENCE J, page 42). En opérant dans un pot semblable avec le même sable et la même eau, dans un appareil fermé, dans lequel l'air extérieur ne pénètre qu'après avoir subi l'action énergique d'un lavage à l'acide sulfurique et au bicarbonate de soude, l'excédant d'azote accusé par un seul pot peut s'élever jusqu'à $0^{gr},127$, et celui de toute l'expérience à $0^{gr},213$; quelle objection peut-on élever contre ce résultat que l'expérience sur le blé ne puisse réfuter aussitôt?

J'ai parlé en commençant des variations auxquelles les colzas peuvent donner lieu. Le tabac n'est pas moins remarquable sous ce rapport.

En 1851, un pied de tabac pesant $0^{gr},084$ a produit $22^{gr},43$ de récolte.

En 1855, un pied de tabac du poids de $0^{gr},29$ a produit $5^{gr},85$ de récolte.

Ainsi dans un cas le poids de la récolte égale 280 fois la semence et dans l'autre cas elle ne s'élève qu'à 98 fois.

Mais, d'un autre côté, la récolte de 1851 contient 0,73 d'azote pour 100, et celle de 1855 2 pour 100.

En 1855, l'absorption de l'azote suit, d'une manière ascendante et progressive, le développement des plantes jusqu'au terme de l'expérience; tandis qu'en 1851 l'absorption de l'azote s'arrête et le développement de la plante continue.

L'expérience de 1856, comparée à celle de 1855, donne lieu à des remarques non moins intéressantes.

Du 12 juin au 10 juillet, les quatre tabacs n'ont pas prospéré du tout, les feuilles étaient étiolées. Je commençais à désespérer du résultat, mais à partir du 10 juillet les choses ont changé; les plantes ont reverdi, puis elles ont pris un développement rapide, et finalement l'une d'elles s'est élevée jusqu'à 80 centimètres de haut. En 1855, aucune feuille ne s'était étiolée ; en 1856, elles se sont toutes flétries et desséchées. A partir du 20 août elles ont plutôt perdu que gagné. J'ai voulu cependant prolonger l'expérience jusqu'au 20 septembre.

Que signifient ces différences et quelle peut en être la cause?

Cette fois du moins je puis répondre à cette question. Tous les effets que je viens de décrire dépendent de la température.

Entre 20 et 25 degrés, le tabac prospère. Son développement est un peu lent, mais il est continu. Dans ces conditions la plante pousse et aucune de ses feuilles ne se flétrit. Au-dessus de 25 degrés la végétation est plus active. Mais alors l'atmosphère ne suffit plus au développement des plantes ; il y a résorption des feuilles les plus anciennes au profit des nouvelles. Entre 15 et 20 degrés, les tabacs ne prospèrent plus ; les feuilles s'étiolent, le centre reste vert, mais la plante ne pousse pas : les feuilles inférieures se flétrissent. Une plante qui est dans cet état, et qu'on soumet brusquement à une température de 35 degrés, se ranime. Les feuilles inférieures se flétrissent toutes, et sur cette première plante, il en pousse une nouvelle, chargée de feuilles d'un beau vert. On dirait qu'une nouvelle plante a été implantée sur la première.

Je dis que tous ces effets sont dus à la température. Du 12 juin au 12 juillet, la végétation est stationnaire. La température diurne de cette période est en moyenne de 19 degrés.

A partir du 12 juillet, la végétation se ranime : la température monte à 25 degrés ; à partir du 15 août, elle se ralentit : la température descend à 18 degrés (1).

On comprend que les plantes venues dans des conditions aussi dissemblables doivent présenter de notables différences dans leur composition. Il est, en effet, bien difficile

---

(1) M. Pepin, l'habile directeur des cultures au Jardin des Plantes, auquel j'avais communiqué les observations précédentes, m'écrivait à la date du 5 août :

« Lorsque j'eus l'avantage de vous voir au Jardin, le 10 du mois de juil-
» let dernier, je vous ai fait remarquer l'état dans lequel se trouvaient nos
» plantes exotiques. Les espèces herbacées comme les ligneuses ne lais-
» saient voir aucune végétation. Les plants de la famille des Composées,
» Solanées, Labiées, Liliacées Malvacées, Apocynées, Légumineuses, etc.,
» ne semblaient pas devoir se développer, au point que je ne comptais pas
» sur la récolte de plusieurs espèces annuelles ; mais depuis le 23, et sur-
» tout le 26 juillet, elles ont complétement changé de facies, au point que
» plusieurs d'entre elles sont en fleurs, et d'autres ont prolongé leur tige
» de plus de 40 centimètres. Il est bon de vous dire qu'elles ont été arro-
» sées chaque jour, et que, grâce à la chaleur, cela n'a pas peu contribué à
» cette végétation tropicale. »

d'admettre que la nutrition se fait de même lorsque la végétation suit un cours régulier et non interrompu, que lorsqu'elle éprouve des intermittences suivies de périodes d'activité. Dans le sable calciné, ces effets sont plus tranchés que dans la bonne terre, parce que, dans le sable, il faut que la plante tire tout d'elle-même ou de l'atmosphère.

J'ai reproduit, cette année, tous ces effets en plaçant des pieds de tabac, repiqués en même temps, dans des serres inégalement chauffées.

Je le répète, les deux expériences sur le tabac que j'ai rapportées page 78, sont pour moi à l'abri de toute critique, et je suis sûr que quiconque voudra les reprendre obtiendra les mêmes résultats que moi, s'il consent à se placer dans les mêmes conditions.

Autrefois, pour arroser les plantes, je me bornais à faire plonger les pots dans une nappe d'eau; aujourd'hui je complète cette disposition et plaçant, au centre de la cloche, une pomme d'arrosoir dont le tuyau d'alimentation communique avec l'extérieur, et par lequel, au moyen d'une seringue, on peut injecter de l'eau distillée sous forme de pluie.

Enfin, d'une manière générale, il vaut mieux opérer sur des tabacs qui pèsent moins de 6 grammes que sur des tabacs qui pèsent plus; l'expérience réussit mieux, et, à égalité de récolte, le résultat est plus avantageux. En effet, un tabac qui pèse 6 grammes (à l'état vert) peut produire autant qu'un tabac qui pèse 15 à 20 grammes.

On le voit, à mesure que les expériences se multiplient, nos premières conclusions se raffermissent. Ce n'est plus par un seul mode d'expérimentation qu'on peut démontrer la faculté possédée par les végétaux d'absorber l'azote de l'air, mais par trois modes différents : en opérant dans un appareil fermé qui met les plantes à l'abri de tout principe azoté autre que l'azote gazeux (Expérience des tabacs, page 78); en opérant à l'air libre, à la fois dans un sol privé d'azote et dans un sol nitré (Expériences des blés, pages 41 et 42), ou bien enfin en opérant avec le secours d'une matière azotée, dont la décomposition fait naître un dégagement d'ammoniaque et d'azote, perdus sans profit pour la végétation (Expériences des blés, pages 55 et suiv.). Dans ces trois cas, l'expérience accuse un excédant d'azote qu'une absorption directe de l'azote gazeux peut seule expliquer. Et si, comme confirmation de ce résultat, nous invoquons le témoignage des phénomènes naturels, leur réponse, conforme à nos déductions, atteste l'exactitude de nos expériences. Toute question théorique mise de côté, personne ne peut contester des quantités considérables d'azote tirées de l'atmosphère par le règne végétal. Veut-on que cette absorption se fasse aux dépens des traces d'ammoniaque répandues dans l'air? Je le concède volontiers; mais alors je demande pourquoi les expériences qu'on m'oppose, faites toutes à l'air libre, fournissent toujours des résultats négatifs? pourquoi l'action qu'on attribue à l'ammoniaque contenue dans l'air ne se fait pas sentir sur les plantes de ces expériences? Veut-on que ces expériences soient concluantes? Alors je demande d'où vient l'excédant d'azote que, de l'aveu de tout le monde, les récoltes de nos champs tirent de l'air? Pour moi, je ne vois pas d'issue pour sortir de ce dilemme.

On l'a tenté cependant, et pour cela on a dit : Nous convenons que l'air contient trop peu d'ammoniaque pour que ce gaz agisse par une absorption immédiate et directe. Aussi n'est-ce point ainsi que les choses se passent. Pour agir, il faut que l'ammoniaque soit préalablement dissoute dans l'eau de la pluie ; et une des fonctions les plus importantes de ce météore, c'est précisément de condenser au profit des plantes les faibles traces d'ammoniaque qui sont répandues dans l'air.

A cela nous répondrons : En Alsace, 1 hectare de terre cultivée en topinambours produit chaque année 26440 kilogrammes de tubercules et 14100 kilogrammes de tiges ligneuses, l'analyse accuse dans cette récolte 43 kilogrammes d'azote de plus que dans le fumier employé. D'un autre côté, aux environs de Strasbourg, il tombe dans le cours d'une année 680 millimètres de pluie, laquelle contient en moyenne $0^{gr},00052$ d'ammoniaque par litre, ce qui porte la totalité de l'ammoniaque tombée sur 1 hectare à $3^{kil},54$, soit $2^{kil},92$ d'azote. Mais à l'aide de $2^{kil},92$ d'azote ayant la pluie pour véhicule, on ne peut expliquer l'excédant de 43 kilogrammes accusés par la récolte des topinambours.

Pour lever cette nouvelle difficulté, on a dit : L'air ne contient pas seulement de l'ammoniaque, il contient aussi des nitrates formés par le jeu des actions électriques dont l'atmosphère est le siége. Admettons cette supposition nouvelle. D'après M. Filhol, l'eau de pluie contient en moyenne

$0^{gr},0005$ d'azote par litre sous ce nouvel état. Aux $2^{kil},92$ d'azote fournis par l'ammoniaque, ajoutons donc encore 3 kilogrammes pour les nitrates, c'est un total de 6 kilogrammes. En sommes-nous plus avancés? Mais nous irons plus loin. Nous admettrons que la pluie déverse chaque année sur le sol les 43 kilogrammes d'azote excédant tirés de l'air par le topinambour : la supposition sera encore insuffisante. En effet, lorsque nous disons que les topinambours ont tiré 43 kilogrammes d'azote de l'atmosphère, nous admettons implicitement que la totalité de l'azote du fumier a été absorbée par eux. Mais cette supposition est une hypothèse qui est démentie par les faits, car nous savons que le fumier perd une partie notable de son azote sans profit pour les plantes, que cette perte se fait partie à l'état d'azote gazeux et partie à l'état d'ammoniaque. Nous savons de plus qu'une fraction importante de fumier reste dans le sol, à l'état de résidu non décomposé. Il résulte donc de là qu'une partie seulement de l'azote du fumier a servi à la nutrition des plantes : mais si nous ne pouvions expliquer l'excédant de l'azote accusé par la récolte, en admettant l'absorption totale de l'azote du fumier, comment expliquerons-nous cet excédant lorsqu'il est démontré que l'absorption de l'azote du fumier n'a été que partielle?

Reconnaissons-le donc, les phénomènes naturels, d'accord sur ce point avec nos expériences, attestent un excédant d'azote, qu'une assimilation immédiate et directe de ce gaz peut seule expliquer. Mais, si nous ne pouvons contester la réalité de cette assimilation, pouvons-nous pressentir le jeu des réactions qui la déterminent? Pour mon compte, voici comment le mécanisme de cette absorption se présente à mon esprit.

L'azote est dépourvu de toute affinité active ou spontanée; cependant, dans l'état où l'air le contient, il peut produire plusieurs combinaisons énergiques. En présence de l'hydrogène à l'état naissant, il donne lieu à une formation d'ammoniaque; si on substitue à l'hydrogène de l'oxygène aussi à l'état naissant, il se forme de l'acide nitrique.

D'un autre côté, les plantes absorbent et décomposent l'acide carbonique de l'air ; chaque feuille est le siége d'une production presque incessante d'oxygène et de carbone à l'état naissant; pourquoi l'azote que la séve fait affluer vers les feuilles ne se combinerait-il pas avec ces deux corps, lorsque nous voyons l'azote de l'air se combiner avec l'oxygène que les feuilles dégagent pour former de l'acide azotique (DE LUCA)?

A ce premier fait, nous devons en ajouter un autre. La séve de certains champignons jouit de la propriété d'ozoniser l'oxygène de l'air, et jusqu'à présent rien ne nous prouve que ce fait soit spécial aux champignons; mais en nous bornant à ces végétaux, est-il probable que l'azote dissous dans la séve ne subit aucune action de la part de l'oxygène ozonisé avec lequel il est mêlé, lorsque nous savons que cette séve contient des alcalis, et traverse des tissus dont l'état de porosité dépasse celui de la mousse de platine si apte cependant à favoriser les combinaisons?

A côté du fait incontestable d'une assimilation directe de l'azote à l'état gazeux, la science nous offre donc, sans sortir des lois les mieux établies de l'affinité, les moyens de la comprendre et de l'expliquer ; mais l'explication que nous proposons fût-elle insuffisante ou même erronée, cela ne changerait rien aux résultats des expériences rapportées dans ce Mémoire, qui, toutes, accusent un excédant d'azote, que ni l'ammoniaque de l'air, ni la supposition inadmissible d'une nitrification spontanée, ne peuvent expliquer.

Comme conclusion de tout ce qui précède, je me résume dans les propositions suivantes :

1°. Les plantes assimilent l'azote gazeux ; on peut prouver cette assimilation de trois manières différentes :

a. Par la culture de certaines plantes dans un sol pur de toute substance azotée, et dans une atmosphère artificielle, privée de toute ammoniaque et de tous corpuscules étrangers.

b. En cultivant simultanément à l'air libre du blé, avec et sans le secours du nitre.

c. En substituant au nitre un engrais azoté.

2°. Les nitrates agissent par l'azote de leur acide. L'absorption de ces sels est immédiate et directe.

3°. A égalité d'azote le nitre agit plus que les sels ammoniacaux (1).

4°. Toute matière de nature organique qui est en voie de décomposition perd une partie de son azote à l'état d'azote gazeux, et on peut fonder sur cette décomposition

---

(1) Jusqu'ici l'expérience n'a été faite que sur le blé et le colza.

une preuve de plus en faveur d'une absorption d'azote gazeux.

P. S. Ainsi, les conclusions de ces nouvelles recherches diffèrent de celles de mes premiers travaux, en ce que, à l'origine, je m'étais borné à constater une absorption d'azote dont l'ammoniaque de l'air ne peut pas rendre compte, tandis qu'aujourd'hui j'ajoute que c'est à l'état d'azote gazeux que cette absorption a lieu.

APPENDICE.

Je réunis dans l'Appendice les éléments numériques des expériences rapportées dans les chapitres précédents. J'y ajoute le Rapport fait à l'Académie des Sciences, par M. Pelouze, sur ma nouvelle méthode pour doser les nitrates. Enfin, je complète ces renseignements par la publication des Notes qu'à deux reprises différentes j'ai eu l'honneur d'adresser sous pli cacheté à la même Académie.

Je classerai ces documents de la manière suivante :

1re PARTIE. — Dosage des nitrates.
Rapport de M. Pelouze.
Eléments numériques des dosages de nitre, rapportés dans mon Mémoire.

2e PARTIE. — Du rôle des nitrates dans l'économie des plantes.
Réclamation de priorité en faveur de M. Boussingault.
Première Note déposée sous pli cacheté à l'Académie des Sciences.
Eléments numériques des expériences sur le rôle des nitrates.

3e PARTIE. — Des produits qui se forment pendant la décomposition des matières azotées.
Deuxième Note déposée sous pli cacheté à l'Académie des Sciences.
Eléments numériques des expériences.

4e PARTIE. — Vérification de mes premières expériences.

PREMIÈRE PARTIE.

DOSAGE DES NITRATES EN PRÉSENCE DES MATIÈRES ORGANIQUES.

RAPPORT

Fait à l'Académie des Sciences par M. Pelouze, au nom d'une Commission composée de MM. Balard, Peligot, Pelouze.

Le travail dont nous avons l'honneur de rendre compte à l'Académie, se divise, comme l'indique son titre, en deux parties bien distinctes.

Dans la première, l'auteur fait l'historique des travaux relatifs au rôle que les nitrates jouent dans la végétation. Il analyse succinctement les expériences et les observations faites sur ce sujet par MM. Liebig, Kuhlmann, Gilbert et Lawes, Isidore Pierre et Bineau. Il fait ressortir le peu d'accord qui existe entre les vues présentées par ces divers chimistes, et signale une divergence d'opinions, bien naturelle d'ailleurs dans des questions qui ont trait aux phénomènes si complexes et encore si peu étudiés de la végétation.

L'auteur rappelle enfin que dans un paquet cacheté

adressé à l'Académie le 13 août 1855, et ouvert le 26 novembre dernier, il avait annoncé les faits suivants :

1°. Les plantes absorbent et décomposent les nitrates, de façon que l'azote de ces sels devient une partie constitutive du tissu végétal.

2°. A égalité d'azote, le nitrate de potasse agit plus que le sel ammoniac.

Notre honorable confrère M. Boussingault avait déjà signalé (*Comptes rendus de l'Académie des Sciences*, n° 21, 9 novembre 1855) l'influence des nitrates sur le développement de l'organisme végétal, et il avait particulièrement donné la démonstration de ce fait important, que le salpêtre agit très-favorablement sur la végétation par suite de son absorption directe, ce qui lui a permis d'expliquer comment certaines eaux exercent sur les prés des effets extrêmement marqués, quoique souvent elles ne renferment que des traces à peine dosables d'ammoniaque; c'est que ces eaux contiennent ordinairement des nitrates, qui concourent, comme l'ammoniaque et même mieux que l'ammoniaque, à la production végétale.

En résumé, comme M. Ville se propose de revenir sur la première partie de son Mémoire, et d'entrer ultérieurement dans des développements qu'il n'a pas encore fait connaître, votre Commission n'aura à s'occuper que des nouvelles méthodes proposées par ce chimiste pour doser les nitrates mêlés à des matières végétales et animales.

C'était là un problème délicat et difficile, que M. Ville, hâtons-nous de le dire, a résolu d'une manière très-satisfaisante.

Lorsque les nitrates sont mêlés avec des sulfates, des

phosphates, des chlorures et avec un grand nombre d'autres matières inorganiques, on peut déterminer avec exactitude l'acide nitrique qu'ils renferment, par un procédé fort simple qu'emploient souvent les raffineurs de salpêtre concurremment avec l'ancien procédé, qui consiste à laver le nitre brut avec de l'eau saturée de nitrate de potasse pur.

Cette méthode, dont l'auteur est un des membres de cette Commission, consiste à décomposer les nitrates par un poids connu de fer dissous dans l'acide chlorhydrique. En ajoutant à la liqueur un poids également connu du nitrate qu'il s'agit de doser et portant pendant quelques instants le mélange à l'ébullition, il se dégage du bioxyde d'azote pur, tandis que le fer se peroxyde. Ce métal ayant été employé en excès, on reconnaît facilement ce qu'il en reste à l'état de protoxyde, au moyen d'une dissolution titrée de permanganate de potasse, qui ne cesse de se décolorer qu'au moment même où le fer tout entier a été peroxydé. Le calcul indique le poids de l'acide nitrique qui a concouru à cette peroxydation.

L'épreuve ne laisse, en général, rien à désirer; mais on comprend que, s'il s'agit de doser les nitrates contenus dans une plante, le procédé dont il s'agit ne puisse plus être employé, car les nitrates sont mêlés alors avec des matières qui colorent les dissolutions de caméléon ou qui décomposent ce sel en le désoxydant.

Cette dernière circonstance met surtout un obstacle à l'extension de ce procédé, car une foule de substances organiques décolorent les dissolutions de permanganate de potasse.

Récemment, M. Schlœsing a eu l'idée de recueillir le bioxyde d'azote provenant de la réaction des nitrates sur le protochlorure de fer, et de convertir le gaz ainsi obtenu, en lui rendant l'oxygène, en acide nitrique, que l'on dose avec du sucrate de chaux titré. Ce chimiste distingué s'est assuré qu'un grand nombre de matières organiques, et principalement celles qui sont les plus répandues dans les végétaux, peuvent se trouver mêlées aux nitrates, sans que ceux-ci apportent un trouble notable à son mode d'analyse.

Parmi ces matières, les unes sont azotées, telles que l'urée, l'amandine, le gluten, l'asparagine, l'indigotine, la gélatine, etc., les autres ne contiennent pas d'azote. Nous citerons les acides malique, tannique, benzoïque, ulmique, le sucre de canne, l'amidon, la mannite, la gomme arabique, la colophane et l'huile de ricin.

Malgré la présence dans les nitrates des diverses matières que nous venons de citer, M. Schlœsing retrouvait constamment à deux ou trois millièmes près, et quelquefois avec plus d'approximation encore, la quantité de nitrate sur laquelle il opérait dans le but de vérifier l'exactitude de sa méthode.

Pour être juste, on doit donc reporter à M. Schlœsing le mérite d'avoir le premier imaginé une méthode générale pour doser les nitrates mêlés à des matières organiques. Ce chimiste, dans un travail remarquable, a appliqué son procédé à la détermination de l'azote contenu à l'état de nitrate dans les feuilles écôtées et dans les côtes de tabacs de dix-huit provenances différentes. Le procédé de M. Schlœsing a été inséré avec détails dans le tome XL des *Annales de Chimie et de Physique* (n° d'août 1854); depuis cette époque, il ne paraît pas qu'il ait été employé par d'autres chimistes.

Quoi qu'il en soit, celui dont nous allons rendre compte nous paraît d'une exécution plus sûre et plus commode.

Il consiste à convertir en ammoniaque le bioxyde d'azote provenant de l'action des nitrates sur le protochlorure de fer acide. Depuis longtemps M. Kuhlmann avait signalé aux chimistes la grande facilité avec laquelle l'acide azotique et tous les oxydes d'azote peuvent se changer en ammoniaque ; mais personne n'avait songé, avant M. G. Ville, à utiliser cette curieuse transformation pour le dosage des nitrates mêlés à des substances organiques.

La proportion d'ammoniaque déterminée avec un acide titré donne celle de l'acide nitrique même. La réaction conserve la même netteté et le procédé la même exactitude, soit que les nitrates contiennent exclusivement des matières inorganiques, soit qu'ils aient été mêlés à une matière organique telle que du sucre, de l'acide oxalique, de la farine, de l'herbe sèche, une infusion de café, etc. Nous nous sommes assurés que le procédé de M. Ville fonctionne d'une manière satisfaisante en mêlant aux matières que nous venons d'énumérer une certaine quantité de nitrate de potasse pur, dont le poids était inconnu à M. Ville. Toujours ce chimiste nous a rapporté à quelques millièmes près la quantité de salpêtre que nous lui avions remise pour en faire l'analyse.

Son procédé est si exact, qu'il peut être employé concurremment avec celui dont il a été fait mention, pour établir ou contrôler le dosage du salpêtre brut dans les raffineries.

Son exécution prompte et peu coûteuse permettra d'étudier mieux qu'on ne l'a fait jusqu'ici la formation de l'acide nitrique sous des influences très diverses, les proportions de cet acide dans les engrais, les plantes, les eaux de toutes sortes et son rôle dans la végétation.

Nous ne suivrons pas l'auteur dans la description minutieuse qu'il a donnée de son procédé. Nous nous bornerons à dire que des divers moyens qu'il a employés pour convertir en ammoniaque le bioxyde d'azote, celui auquel il donne la préférence consiste à décomposer ce gaz, dans un tube rempli de chaux sodée, par l'hydrogène sulfuré. La chaux et la soude retiennent l'oxygène du bioxyde d'azote et le soufre de l'hydrogène sulfuré sous la forme de sulfates et de sulfures, tandis que l'azote et l'hydrogène se réunissent pour produire de l'ammoniaque, qui se rend et se condense dans un tube à boule, en partie rempli d'un acide normal. Une demi-heure suffit pour faire une opération, et une disposition ingénieuse des appareils permet de multiplier facilement ces sortes d'analyses.

En résumé, le nouveau mode de dosage des nitrates dont nous venons de rendre un compte sommaire est très-exact, d'une exécution à la fois prompte et facile. Nous croyons qu'il pourra rendre des services incontestables dans les recherches de chimie appliquée à l'agriculture et à la physiologie végétale.

En conséquence, nous avons l'honneur de demander à l'Académie qu'elle veuille bien remercier M. Georges Ville de son intéressante communication.

Les conclusions de ce Rapport sont adoptées.

ÉLÉMENTS NUMÉRIQUES

DES DOSAGES DE NITRE, FAITS AU MOYEN DE L'HYDROGÈNE ET DE LA MOUSSE DE PLATINE.

(Expériences rapportées page 14.)

N° I. — Nitrate employé.. $0^{gr},040$ Azote . $0^{gr},00554$

Acide normal......... 23,4
Acide de l'analyse...... 0,3

D'où $0^{gr},00555$ d'azote.

10^{cc} de l'acide normal = $0^{gr},005625$ d'azote.

N° II. — Nitrate employé. $0^{gr},010$ Azote.. $0^{gr},001384$

Acide normal......... 23,4
Acide de l'analyse...... 17,25

D'où $0^{gr},00143$ d'azote.

Même acide.

N° III. — Nitrate de potasse. $0^{gr},040$ Azote. $0^{gr},00554$

Acide normal......... 23,4
Acide de l'analyse...... 0,2

D'où $0^{gr},00557$ d'azote.

Même acide.

N° IV. — Nitrate de potasse. $0^{gr},040$ Azote. $0^{gr},00554$

Acide normal......... 46,8
Acide de l'analyse...... 23,0

D'où $0^{gr},00572$ d'azote.

Même acide. On a dû ajouter 10 centimètres cubes en plus après la combustion.

N° V. — Nitrate de potasse. $0^{gr},040$ Azote. $0^{gr},00554$
Tannin.. $0^{gr},200$ (Pelouze).

Acide normal.........	23,4
Acide de l'analyse......	0,6

D'où $0^{gr},00548$ d'azote.

10^{cc} d'acide normal = $0^{gr},005625$ d'azote.

N° VI. — Nitrate de potasse. $0^{gr},040$ Azote.. $0^{gr},00554$
Acide oxalique. $0^{gr},50$

Acide normal.........	23,4
Acide de l'analyse.....	0,3

D'où $0^{gr},00555$ d'azote.

Même acide.

N° VII. — Nitrate de potasse $0^{gr},01$ Azote. $0^{gr},001384$

Acide normal.........	20,0
Acide de l'analyse.....	15,7

D'où $0^{gr},001344$ d'azote.

10^{cc} d'acide normal = $0^{gr},00625$ d'azote.

N° VIII. — Nitrate de potasse. $0^{gr},01$ Azote. $0^{gr},001384$

Acide normal.........	20,00
Acide de l'analyse	16,00

D'où $0^{gr},00125$ d'azote.

Même acide.

DOSAGES

AU MOYEN DE L'HYDROGÈNE SULFURÉ.

(Expériences rapportées pages 16 et 17.)

N° 1. — Nitr. de pot. employé. $0^{gr},251$ Azote cont $0^{gr},0347$

Acide normal.........	24,3
Acide de l'analyse......	17,5

D'où $0^{gr},03458$ d'azote.

10^{cc} d'acide normal = $0^{gr},1236$ d'azote.

N° 2. — Nitr. de pot. employé. $0^{gr},201$ Azote. $0^{gr},02781$

Acide normal.........	24,3
Acide de l'analyse......	18,8

D'où $0^{gr},02797$ d'azote.

10^{cc} d'acide normal = $0^{gr},1236$ d'azote.

N° 3. — Nit. de pot. employé. $0^{gr},200$ Azote. $0^{gr},02778$

Acide normal.........	24,3
Acide de l'analyse......	18,7

D'où $0^{gr},02848$ d'azote.

Même acide.

N° 4. — Nitr. de pot. employé. $0^{gr},128$ Azote. $0^{gr},0177$

Acide normal.........	21,9
Acide de l'analyse......	19,0

D'où $0^{gr},01747$ d'azote.

10^{cc} d'azote normal = $0^{gr},132$ d'azote.

N° 5. — Nitr. de pot. employé. $0^{gr},100$ Azote. $0^{gr},01384$

Acide normal.........	21,5
Acide de l'analyse......	10,2

D'où $0^{gr},01387$ d'azote.

10^{cc} d'acide normal = $0^{gr},0264$ d'azote.

(Cette analyse a été faite le samedi 25 en présence de M. Chevreul.)

Analyses faites plus récemment.

N° 6. — Nitr. de pot. employé. $0^{gr},200$ Azote. $0^{gr},0277$

Acide normal.........	23,6
Acide de l'analyse.....	11,9

D'où $0^{gr},02788$ d'azote.

10^{cc} d'acide normal = $0^{gr},05625$ d'azote.

N° 7. — Nitr. de pot. employé. $0^{gr},200$ Azote. $0^{gr},0277$

Acide normal.........	23,6
Acide de l'analyse.....	12,1

D'où $0^{gr},02741$ d'azote.

Même acide.

N° 8. — Nitr. de pot. employé. $0^{gr},800$ Azote. $0^{gr},1107$

Acide normal.........	19,3
Acide de l'analyse.....	0,3

D'où $0^{gr},1107$ d'azote.

10^{cc} d'acide normal = $0^{gr},1125$ d'azote.

N° 9. — Nitr. de pot. employé. $0^{gr},040$ Azote. $0^{gr},00554$

Acide normal.........	23,4
Acide de l'analyse......	0,3

D'où $0^{gr},00555$ d'azote.

10^{cc} d'acide normal = $0^{gr},005625$ d'azote.

N° 10. — Nitr. de pot. employé. $0^{gr},020$ Azote. $0^{gr},00277$

Acide normal	23,4
Acide de l'analyse......	11,5

D'où $0^{gr},002817$ d'azote.

10^{cc} d'acide normal = $0^{gr},005625$ d'azote.

Dosage de l'azote des nitrates, lorsque ce sel est mêlé à une matière organique (sucre, acide oxalique).

N° 11. — Nitr. de pot. employé. $0^{gr},200$ Azote. $0^{gr},0277$
Acide oxalique.. $0^{gr},500$

Acide normal.........	20,0
Acide de l'analyse....	11,0

D'où $0^{gr},02763$ d'azote.

10^{cc} d'acide normal = $0^{gr},0614$ d'azote.

N° **12**. — Nitr. de pot. employé. $0^{gr},200$ Azote $0^{gr},0277$

Acide oxalique. $0^{gr},500$

Acide normal 20,00
Acide de l'analyse...... 10,90

D'où $0^{gr},0279$ d'azote.

10^{cc} d'acide normal = $0^{gr},0614$ d'azote.

N° **13**. — Nitr. de pot. employé. $0^{gr},200$ Azote. $0^{gr},0277$

Sucre.. $0^{gr},500$

Acide normal......... 20,0
Acide de l'analyse...... 11,0

D'où $0^{gr},0276$ d'azote.

Même acide.

N° **14**. — Nitr. de pot. employé. $0^{gr},200$ Azote. $0^{gr},0277$

Sucre.. $0^{gr},500$

Acide normal......... 20,2
Acide de l'analyse..... 11,2

D'où $0^{gr},0274$ d'azote.

Même acide.

Analyses toutes récentes faites par M. Stoesner, en opérant sur de petites quantités de nitrate. (Toutes ces analyses ont été titrées par moi.)

N° **15**. — Nitr. de pot. employé. $0^{gr},010$ Azote. $0^{gr},001384$

Acide normal......... 23,4
Acide de l'analyse...... 17,3

D'où $0^{gr},00146$ d'azote.

10^{cc} d'acide normal = $0^{gr},005625$.

N° **16**. — Nitr. de pot. employé. $0^{gr},010$ Azote. $0^{gr},001384$

Acide normal.......... 23,4
Acide de l'analyse..... 17,3

D'où $0^{gr},00146$ d'azote.

Même acide.

N° **17**. — Nit. de pot. employé. 0gr,006. Azote. 0gr,000831

Acide normal.........	14,8
Acide de l'analyse......	12,15

D'où 0gr,00100 d'azote.

Même acide.

N° **18**. — Nit. de pot. employé. 0gr,00982 Azote. 0gr,00136

Acide normal.........	14,8
Acide de l'analyse.....	10.8

D'où 0gr,00152 d'azote.

Même acide.

DEUXIÈME PARTIE.

QUEL EST LE RÔLE DES NITRATES DANS L'ÉCONOMIE DES PLANTES?

Cette partie de mes études a été lue à l'Académie des Sciences le 3 décembre 1855. Elle a paru au mois de mars 1856 dans les *Annales de Chimie et de Physique*, où elle est devenue l'objet de la réclamation suivante :

M. Boussingault a lu son Mémoire sur l'action du salpêtre sur la végétation dans la séance du 19 novembre 1855. Cette lecture établit la priorité. Voici, au reste, ce que disait Arago, dans un Rapport fait à l'Académie le 31 mai 1852.

« Il ne sera pas superflu de faire remarquer, au moment » où les paquets cachetés ont pris tant de faveur, que nos » archives en seront bientôt encombrées, que ce moyen de » s'assurer la priorité d'une découverte n'est nullement » satisfaisant, qu'en thèse générale la propriété appartient » incontestablement à celui qui le premier a livré ses ob- » servations au public. C'est un principe qu'admettent » tous ceux qui font autorité en matière de sciences,

» comme l'a prouvé une discussion récente provoquée
» par l'illustre doyen de notre Académie (M. Biot). Ne
» voit-on pas le danger qu'il y aurait sans cela à trans-
» former en découvertes achevées quelques vagues aperçus
» donnés sous forme d'aphorismes et sans démonstration,
» lorsque la démonstration constitue souvent le vrai mérite
» d'un travail? Il importe dans l'intérêt des sciences de ne
» pas décourager les esprits laborieux et sévères, qui ne
» négligent rien pour imprimer à leurs œuvres le cachet
» de la certitude. »

(*Note de la Rédaction.*)

Je réponds à cette réclamation par le texte de la Note que j'ai eu l'honneur d'adresser sous pli cacheté à l'Académie des Sciences le 13 août 1855, et qui a été ouverte sur ma demande le 26 novembre.

Je recommande la seconde partie à l'attention du lecteur.

NOTE

Sur un nouveau moyen pour doser l'azote des nitrates, suivie de quelques expériences prouvant que le nitrate de potasse est décomposé par les plantes, et qu'à égalité d'azote le nitrate de potasse agit plus que le sel ammoniac (1).

Aujourd'hui, mon but n'étant pas d'écrire un Mémoire, mais simplement de prendre date pour quelques faits nouveaux que je crois importants, je réserve pour le moment où ces études seront publiées sous leur forme définitive le soin de présenter l'état de la science sur les questions que je traite et le soin de faire connaître l'étendue des secours que j'ai puisés dans les travaux des savants qui m'ont précédé dans la voie où je suis entré.

Première partie. — *Dosage de l'azote des nitrates.*

Ce nouveau procédé est fondé sur la propriété que le bioxyde d'azote possède de se changer en ammoniaque lorsqu'on le fait passer à une température voisine du rouge, dans un tube rempli de chaux sodée, mélangé avec

(1) *Comptes rendus des séances de l'Académie des Sciences*, tome XLI, pages 938 et suivantes.

un excès d'hydrogène et d'hydrogène sulfuré. Dans ces conditions, le bioxyde d'azote se change en ammoniaque, et la réaction est si nette, si complète, qu'on peut s'en servir avec le plus grand avantage pour doser l'azote des nitrates. Pour cela, il suffit de faire passer le mélange d'hydrogène et d'ammoniaque dans un tube à boule qui contient de l'acide sulfurique titré. Le dosage de l'azote des nitrates rentre ainsi dans les procédés si avantageux de la méthode des volumes.

L'équation suivante exprime la réaction :

$$\left.\begin{array}{l} A\ O^{2} \\ 2\,H\ S \\ H^{x} \end{array}\right\} + 2\,Ca\,O = Az\,H + S\,Ca + SO^{3}\,Ca\,O + H^{[illegible]}.$$

Les expériences suivantes peuvent servir pour juger du mérite du procédé sous le rapport de la précision.

	Nitrate employé.	Azote obtenu.	Azote employé.	Différence.
	gr	gr	gr	gr
1°.	0,251	0,0347	0,0347	— 0,0000 (*)
2°.	0,147	0,0210	0,0263	— 0,0007
3°.	0,067	0,0090	0,0092	+ 0,0002
4°.	0,201	0,0278	0,0279	+ 0,0001
5°.	0,244	0,0338	0,0345	+ 0,0007

Pour changer l'acide nitrique du nitrate de potasse en bioxyde d'azote, on se sert d'une dissolution de protochlorure de fer dans laquelle on le verse et qu'on porte ensuite à l'ébullition.

(*) J'ai écrit à M. de Senarmont, le 27 ou le 28 juillet, pour lui communiquer ce résultat. Depuis cette époque, j'ai fait connaître à M. Chevreul, à M. Regnault et à M. Payen le principe du procédé.

Le mode d'opérer est d'ailleurs très-simple. Voici, en détail, comment on procède. On prend un petit ballon de 200 centimètres cubes de capacité, on le munit d'un bouchon qui porte deux tubes; on remplit ce ballon à moitié avec une dissolution de protochlorure de fer qui doit contenir un excès d'acide, puis on ajoute la dissolution de nitrate. Ce ballon communique, par l'un de ses tubes, avec un flacon où l'on produit de l'hydrogène; par l'autre tube avec un flacon *A* qui communique lui-même avec le tube à la chaux sodée et dans lequel le mélange de bioxyde d'azote et d'hydrogène doit se mêler avec l'hydrogène sulfuré, qui arrive d'un appareil spécial avant d'entrer dans le tube. Dans ce flacon, les tubes qui amènent les gaz doivent plonger dans le mercure, pour qu'on puisse se rendre compte des quantités d'hydrogène (mêlé au bioxyde d'azote) et d'hydrogène sulfuré qui arrivent chacun de son côté.

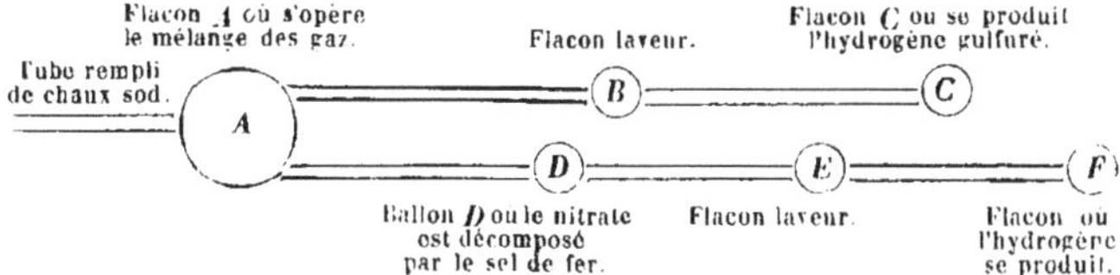

L'appareil étant monté, on fait passer un courant d'hydrogène, pendant huit à dix minutes, pour chasser l'air, puis on chauffe le tube qui contient la chaux sodée et on fait arriver quelques bulles d'hydrogène sulfuré. A ce moment, on chauffe le ballon *D*, qui contient la dissolution de fer, on porte rapidement à l'ébullition. Pendant tout le temps que dure l'ébullition, on fait passer dans le ballon un courant d'hydrogène. On règle la production de ce gaz de manière qu'il arrive dans le flacon *A* trois ou quatre fois plus d'hydrogène sulfuré. La réaction est achevée après dix minutes d'ébullition. Pour arrêter dans le flacon *A* toute l'eau qui distille, on met quelques morceaux de chlorure de calcium.

Si l'on voulait avoir un indice autre que la durée de l'ébullition, il suffirait d'ajouter au liquide du ballon *B* environ 20 grammes de mercure. Dès que le liquide entre en ébullition, la dissolution de fer, qui était verte, devient brune; mais, par une réaction consécutive, le mercure réduit le perchlorure de fer qui s'est formé et la liqueur redevient verte.

DEUXIÈME PARTIE. — *Décomposition du nitrate de potasse par les plantes. Assimilation de l'azote du nitrate.*

Le 20 mars de cette année, on a préparé huit pots avec

	gr
Brique calcinée	578,000
Sable blanc calciné	900,000
Sulfate de chaux	0,056
Phosphate de chaux monobasique	0,309
Phosphate de magnésie cristallisé	0,698
Phosphate de potasse	0,677
Chlorure de sodium	0,011
Silicate de potasse	2,000
Silicate de soude	0,250
P. O. de fer hydraté	0,271

On a divisé ces huit pots en quatre séries de deux chacune, les pots de chaque série étant désignés par les lettres A, A', B, B', C, C', D, D', E, E'.

Dans les pots A, A′, on n'a rien ajouté aux mélanges indiqués plus haut.

Dans les pots B, B′, on a ajouté $4^{gr},015$ de semence de lupin, qui contenait $0^{gr},238$ d'azote.

Dans les pots C, C′, on a ajouté $1^{gr},72$ de nitrate de potasse, contenant aussi $0^{gr},238$ d'azote.

Dans les pots D, D′, on a ajouté $0^{gr},908$ de sel ammoniac, contenant $0^{gr},238$ d'azote.

Enfin, dans les pots E, E′, on a ajouté $0^{gr},68$ de nitrate d'ammoniaque, contenant encore $0^{gr},238$ d'azote.

Le 20 mars, on a semé dans chaque pot 20 grains d'un gros blé poulard blanc. Dès le commencement de l'expérience, les pots qui contenaient le nitrate de potasse ont pris un avantage marqué sur tous les autres. Entre les pots où il n'y avait que du sable et les pots où il y avait du nitrate de potasse, la comparaison n'était pas possible. Aujourd'hui, 14 août, les blés sont en épis, et les pots C, C′, qui contiennent le nitrate de potasse, présentent une végétation beaucoup plus belle que tous les autres, qui ont reçu néanmoins la même quantité d'azote.

Dès que ce résultat a commencé à se produire, j'ai senti qu'il y avait là un phénomène important à éclaircir. Sans attendre la fin de l'expérience, qui devait durer encore plusieurs mois et qui, à l'heure qu'il est, n'est pas achevée, j'ai institué la nouvelle expérience suivante, en vue de savoir plus tôt si le nitrate de potasse était décomposé et si l'azote de ce nitrate était assimilé par la plante.

Le 25 juin, j'ai mis dans une petite terrine : fragments de brique calcinée 400 grammes, sable calciné 600 grammes, cendre de cresson 3 grammes; puis, dans cette terrine, j'ai semé 60 graines de cresson contenant $0^{gr},004$ d'azote, et j'ai répandu à la surface du sable, nitrate de potasse $0^{gr},2$. Ce pot a donc reçu, en azote,

	gr
Par la semence.....	0,004
Par le nitrate......	0,027
	0,031

Les graines ont bien germé; la végétation a suivi son cours ordinaire; les plantes étaient très-belles. J'ai fait la récolte le 20 juillet. La récolte pesait, verte, 10 grammes: séchée à l'étuve et brûlée par la chaux sodée, elle a donné $0^{gr},028$ d'azote.

Le sable du pot a été lavé avec le plus grand soin; le liquide, concentré et essayé, n'a pas donné le plus faible indice de nitrate.

Devant ce résultat, je tire de cette expérience la conclusion que le nitrate de potasse a été décomposé par la plante, et que l'azote de ce nitrate changeant d'état est entré dans la composition intime du tissu de la plante.

Depuis cette époque, j'ai institué plusieurs séries d'expériences, en vue d'approfondir cette décomposition; et, dans toutes les expériences où les plantes recevaient du nitrate de potasse et du sel ammoniac, toujours la végétation a été plus prospère avec le nitrate de potasse, bien que dans les deux cas il y eût la même quantité d'azote. J'ai en ce moment six pots de colzas, semés le 13 juillet : dans les pots qui ont reçu le nitrate de potasse, les plantes sont plus grandes et plus belles que dans ceux qui ont reçu du sel ammoniac. Toutes ces végétations, les blés, le cresson et les colzas, sont obtenues dans une serre.

Quelques personnes, tenant pour vrais les résultats de mes premières expériences, pensent que l'azote, dont j'ai toujours constaté la fixation par les plantes, vient du nitrate de potasse qui se serait formé dans le sable qui servait à la végétation. Dans cette opinion, l'oxydation de l'azote de l'air serait la condition obligée de son assimilation par les plantes.

Sans vouloir, pour le moment, m'expliquer là-dessus, je dois avouer néanmoins que toutes les tentatives que j'ai faites pour m'éclairer sur cette interprétation des phénomènes ne lui ont pas été favorables.

Après-demain mercredi, je commencerai une nouvelle série d'expériences pour décider ce point. J'attends leur résultat pour me prononcer; mais, je le répète, ce que j'ai fait toute cette année n'est pas favorable à l'idée qu'il se formerait du nitre, et que ce nitre serait la source de l'azote dont on constate la fixation lorsqu'on cultive des plantes dans un sol de sable convenablement préparé.

ÉLÉMENTS NUMÉRIQUES.

(Expériences rapportées pages 32 et 33.)

Colzas cultivés avec $0^{gr},50$ *de nitre.*

Expérience A. — Récolte sèche... $3^{gr},45$.

Dosage de l'azote :

	I.	II.
	gr	gr
Matière.............	0,100	0,500
Acide normal........	20,1	21,0
Acide de l'analyse....	15,7	19,7

Azote. 1,36 p. 100. Azote. 1,25 p. 100.

En moyenne.. 1,30 pour 100.

10 centimètres cubes d'acide normal =

Analyse n° I. ... $0^{gr},00625$ d'azote.

Analyse n° II.... $0^{gr},1011$ d'azote.

Expérience B. — Récolte sèche... $5^{gr},14$.

	gr
Matière.............	0,100
Acide normal........	20,1
Acide de l'analyse.....	16,0

Azote. 1,28 p. 100.

10 centimètres cubes d'acide normal = $0^{gr},00625$ d'azote.

Expérience C. — Récolte sèche... $5^{gr},02$.

	I.	II.
	gr	gr
Matière.............	0,50	0,50
Acide normal........	20,7	21,00
Acide de l'analyse.....	16,1	9,60

Azote. 1,35 p. 100. Azote. 1,35 p. 100.

10 centimètres cubes d'acide normal =

Analyse n° I.... $0^{gr},03055$ d'azote.

Analyse n° II... $0^{gr},1011$ d'azote.

Blé Poulard cultivé avec $0^{gr},765$ *de nitre.*

Expérience D. — Récolte sèche... $26^{gr},37$.

	gr
Matière.............	0,500
Acide normal........	20,3
Acide de l'analyse.....	13,8

Azote. 0,81 p. 100.

10 centimètres cubes d'acide normal = $0^{gr},01266$ d'azote.

Expérience D. — Sable... $1005^{gr},00$.

	gr
Matière.............	20,00
Acide normal........	20,3
Acide de l'analyse.....	18,9

Azote. 0,0044 p. 100.

10 centimètres cubes d'acide normal = $0^{gr},01266$ d'azote.

Colzas cultivés avec 1 *gramme de nitre.*

(Expériences rapportées pages 38 et 39.)

Expérience E. — Récolte sèche... $7^{gr},75$.

	I.	II.
	gr	gr
Matière.............	1,50	0,10
Acide normal........	21,9	20,1
Acide de l'analyse.....	16,1	13,0

Azote. 2,21 p. 100. Azote. 2,21 p. 100.

10 centimètres cubes d'acide normal =

Analyse n° I. ... $0^{gr},125$ d'azote.

Analyse n° II.... $0^{gr},00625$ d'azote.

Expérience F. — Récolte sèche... $15^{gr},20$.

	I.	II.
	gr	gr
Matière............	1,00	0,20
Acide normal.........	21,9	19,9
Acide de l'analyse.....	17,7	11,9

Azote. 2,40 p. 100. Azote. 2,51 p. 100.

En moyenne . 2,45 pour 100.

10 centimètres cubes d'acide normal =

Analyse n° I.... $0^{gr},125$ d'azote.
Analyse n° II.... $0^{gr},0125$ d'azote.

Expérience G. — Récolte sèche .. $10^{gr},77$.

	I.	II.
	gr	gr
Matière.............	1,00	0,4
Acide normal........	20,2	21,0
Acide de l'analyse.....	6,6	19,4

Azote. 2,06 p. 100. Azote. 1,92 p. 100.

10 centimètres cubes d'acide normal =

Analyse n° I.... $0^{gr},03055$ d'azote.
Analyse n° II.... $0^{gr},1011$ d'azote.

Expérience H. — Récolte sèche... $22^{gr},28$.

	Plante.	Racine.
	gr	gr
Matière.............	0,4	0,60
Acide normal.........	20,1	20,1
Acide de l'analyse.....	12,1	11,8

Azote. 1,26 p. 100. Azote. 0,87 p. 100.

10 centimètres cubes d'acide normal =

Analyse n° I.... $0^{gr},01266$ d'azote.

Blé de mars cultivé dans le sable pur.

(Expériences rapportés pages 41, 42 et 43.)

Expérience I, n° I. — Récolte sèche . . $7^{gr},64$.

	Paille.	
	I.	II.
	gr	gr
Matière	0,748	0,629
Acide normal	17,8	19,4
Acide de l'analyse	10,9	12,5

Azote. 0,58 p. 100. Azote. 0,48 p. 100.

En moyenne . . 0,51 pour 100.

10 centimètres cubes d'acide normal =

Analyse n° I. . . . $0^{gr},01125$ d'azote.
Analyse n° II. . . $0^{gr},00868$ d'azote.

	Grains.	
	I.	II.
	gr	gr
Matière	0,31	0,31
Acide normal	17,8	19,4
Acide de l'analyse	10,2	9,9

Azote. 1,54 p. 100. Azote. 1,44 p. 100.

En moyenne . . 1,49 pour 100.

10 centimètres cubes de l'acide normal =

Analyse n° I. . . . $0^{gr},01125$ d'azote.
Analyse n° II. . . $0^{gr},00868$ d'azote.

Expérience I, n° II. — Récolte sèche . . . $8^{gr},63$.

	Paille.	
	I.	II.
	gr	gr
Matière	0,719	1,434
Acide normal	17,8	20,7
Acide de l'analyse	11,9	18,0

Azote. 0,52 p. 100. Azote. 0,46 p. 100.

En moyenne . . 0,49 pour 100.

10 centimètres cubes d'acide normal =

Analyse n° I. . . . 0^{gr},01125 d'azote.
Analyse n° II . . . 0^{gr},05055 d'azote

	Grains.	
	I.	II.
	gr	gr
Matière.	0,318	0,535
Acide normal.	17,8	20,7
Acide de l'analyse.	10,2	17,5

Azote. 1,51 p. 100. Azote. 1,46 p. 100.

En moyenne. . 1,49 pour 100.

10 centimètres cubes d'acide normal =

Analyse n° I. . . . 0^{gr},01125 d'azote.
Analyse n° II. . . . 0^{gr},05055 d'azote.

Blé de mars cultivé avec 0^{gr},792 *de nitre.*

Expérience J, n° 1. — Récolte sèche. . . 26^{gr},90.

	Paille.	
	I.	II.
	gr	gr
Matière.	0,50	1,00
Acide normal.	17,8	18,7
Acide de l'analyse.	13,5	16,3

Azote. 0,54 p. 100. Azote. 0,64 p. 100.

En moyenne. . 0,59 pour 100.

10 centimètres cubes d'acide normal =

Analyse n° I. . . . 0^{gr},01125 d'azote.
Analyse n° II. . . 0^{gr},05055 d'azote.

	Grains.	
	I.	II.
	gr	gr
Matière.	0,375	0,622
Acide normal.	17,8	18,7
Acide de l'analyse.	7,9	15,4

Azote. 1,66 p. 100. Azote. 1,43 p. 100.

En moyenne. . 1,55 pour 100.

10 centimètres cubes de l'acide normal =

Analyse n° I.... $0^{gr},01125$ d'azote.
Analyse n° II... $0^{gr},05055$ d'azote.

Expérience J, n° II. — Récolte sèche... $26^{gr},52$.

	Paille.	
	I.	II.
	gr	gr
Matière............	0,50	1,0
Acide normal........	17,8	18,7
Acide de l'analyse....	13,2	16,6

Azote. 0,58 p. 100. Azote. 0,57 p. 100.

En moyenne.. 0,575 pour 100.

10 centimètres cubes d'acide normal =

Analyse n° I.... $0^{gr},01125$ d'azote.
Analyse n° II... $0^{gr},05055$ d'azote.

	Grains.	
	I.	II.
	gr	gr
Matière............	0,395	0,728
Acide normal........	17,8	18,7
Acide de l'analyse....	7,5	14,75

Azote. 1,65 p. 100. Azote. 1,47 p. 100.

En moyenne.. 1,56 pour 100.

10 centimètres cubes d'acide normal =

Analyse n° I.... $0^{gr},01125$ d'azote.
Analyse n° II... $0^{gr},05055$ d'azote.

Blé Poulard cultivé avec $1^{gr},72$ de nitre (1855).

Expérience M. — Récolte sèche.. $37^{gr},37$.

	Paille.	
	I.	II.
	gr	gr
Matière............	0,40	0,50
Acide normal........	20,1	20,1
Acide de l'analyse.....	10,3	7,5

Azote. 0,76 p. 100. Azote. 0,78 p. 100.

	Grains.
	gr
Matière	0,15
Acide normal	20,1
Acide de l'analyse	4,4

Azote. 3,25 pour 100.

10 centimètres cubes d'acide normal = 0^{gr},00625 d'azote.

Sable .... 847^{gr},00.

	I.	II.
	gr	gr
Matière	10,00	20,00
Acide normal	20,1	20,1
Acide de l'analyse	18,8	17,5

Azote. 0,004 p. 100. Azote. 0,004 p. 100.

Même acide.

Expérience L. — Récolte sèche.. 41^{gr},56.

	Paille.	Gains.
	gr	gr
Matière	0,805	0,338
Acide normal	17,8	17,8
Acide de l'analyse	8,3	7,6

Azote. 0,75 p. 100. Azote. 1,66 p. 100.

10 centimètres cubes d'acide normal = 0^{gr},01125 d'azote.

Sable .... 1007^{gr},00.

	I.
	gr
Matière	20,00
Acide normal	20,03
Acide de l'analyse	18,08

Azote. 0,044 p. 100.

10 centimètres cubes d'acide normal = 0^{gr},00868 d'azote.

Colzas cultivés avec 0gr,264 *de sel ammoniac.*

(Expériences rapportées pages 46 et suivantes.)

Expérience N. — Récolte sèche . . . 3gr,20.

	gr
Matière	0,5
Acide normal	21,0
Acide de l'analyse	19,6

Azote. 1,35 pour 100.

10 centimètres cubes d'acide normal = 0gr,1011 d'azote.

Expérience O. — Récolte sèche . . . 3gr,29.

	I.	II.
	gr	gr
Matière	0,295	0,1
Acide normal	20,2	20,1
Acide de l'analyse	17,5	15,6

10 centimètres cubes d'acide normal =

Analyse n° I . . . . 0gr,0305 d'azote.
Analyse n° II . . . 0gr,00625 d'azote.

Colza cultivé avec 0gr,52 *de sel ammoniac.*

Expérience P. — Récolte sèche . . . 6,80.

	gr
Matière	0,2
Acide normal	19,9
Acide de l'analyse	14,9

Azote. 1,57 pour 100.

10 centimètres cubes d'acide normal = 0gr,125 d'azote.

Blé de mars cultivé avec 0gr,419 *de sel ammoniac.*

Expérience R, n° I. — Récolte sèche . . . 20gr,33.

	Paille.	Grains.
	gr	gr
Matière	0,673	0,381
Acide normal	17,8	17,8
Acide de l'analyse	12,0	8,2
	Azote. 0,54 p. 100.	Azote. 1,59 p. 100.

10 centimètres cubes d'acide normal = 0gr,01125 d'azote.

Expérience R, n° II. — Récolte sèche... $17^{gr},33$.

	Paille.	Grains.
	gr	gr
Matière.............	0,732	0,380
Acide normal........	17,8	17,8
Acide de l'analyse.....	11,9	8,6
	Azote. 0,51 p. 100.	Azote. 1,52 p. 100.

Même acide.

Blé de mars cultivé avec $0^{gr},314$ ***de nitrate d'ammoniaque.***

Expérience S, n° I. — Récolte sèche... $15^{gr},92$.

	Paille.	
	I.	II.
	gr	gr
Matière............	0,688	0,640
Acide normal........	17,8	19,4
Acide de l'analyse.....	12,7	12,8
	Azote. 0,47 p. 100.	Azote. 0,46 p. 100.

10 centimètres cubes d'acide normal =

Analyse n° I.... $0^{gr},01125$ d'azote.
Analyse n° II... $0^{gr},00868$ d'azote.

	Grains.
	gr
Matière.............	0,352
Acide normal........	17,8
Acide de l'analyse.....	8,6

Azote. 1,65 pour 100.

10 centimètres cubes d'acide normal = $0^{gr},01125$ d'azote.

Expérience S, n° II. — Récolte sèche... $20^{gr},42$.

	Paille.	
	I.	II.
	gr	gr
Matière.............	0,680	1,36
Acide normal........	17,8	20,7
Acide de l'analyse.....	13,4	18,5
	Azote. 0,41 p. 100.	Azote. 0,39 p. 100.

10 centimètres cubes d'acide normal =

Analyse n° I.... 0^{gr},01125 d'azote.
Analyse n° II... 0^{gr},05055 d'azote.

	Grains.
	gr
Matière..............	0,355
Acide normal.........	17,8
Acide de l'analyse.....	9,3

Azote. 1,51 pour 100.

10 centimètres cubes d'acide normal = 0^{gr},01125 d'azote.

Blé de mars cultivé avec 0^{gr},850 *de phosphate d'ammoniaque.*

Expérience T, n° I. — Récolte sèche... 16^{gr},73.

	Paille.
	gr
Matière.............	0,706
Acide normal........	17,8
Acide de l'analyse....	12,2

Azote. 0,50 pour 100.

10 centimètres cubes d'acide normal = 0^{gr},01125 d'azote.

	Grains.	
	I.	II.
	gr	gr
Matière.............	0,348	1,132
Acide normal........	17,8	20,7
Acide de l'analyse....	10,3	14,3
	Azote. 1,36 p. 100.	Azote. 1,38 p. 100.

10 centimètres cubes d'acide normal =

Analyse n° I.... 0^{gr},01125 d'azote.
Analyse n° II... 0^{gr},05051 d'azote.

Expérience T, n° II. — Récolte sèche.

	Paille.	Grains.
	gr	gr
Matière.............	0,733	0,355
Acide normal........	17,8	17,8
Acide de l'analyse.....	11,8	9,0

Azote. 0,52 p. 100. Azote. 1,56 p. 100.

10 centimètres cubes d'acide normal = 0gr,01125 d'azote.

TROISIÈME PARTIE.

QUELLE EST LA NATURE DES PRODUITS QUI SE FORMENT PENDANT LA DÉCOMPOSITION DES MATIÈRES ORGANIQUES AZOTÉES?

NOTE ADRESSÉE SOUS PLI CACHETÉ A L'ACADÉMIE DES SCIENCES, LE 17 DÉCEMBRE 1855, ET PUBLIÉE LE 21 JUILLET 1856 (1).

A la suite de beaucoup d'expériences sur le rôle des engrais, j'ai été conduit aux conclusions suivantes :

I. Les semences de lupin en voie de décomposition (il est probable que toutes les matières organiques azotées sont dans le même cas) perdent spontanément une partie importante de leur azote.

II. Cet azote se dégage en partie à l'état d'ammoniaque, en partie à l'état d'*azote gazeux*.

III. Dans les conditions où cette décomposition s'opère, il ne se forme pas de nitrates.

Exemple. — Le 20 mars 1855, on a ajouté à *mille* grammes de sable calciné $4^{gr},015$ de graine de lupin en

(1) *Comptes rendus des séances de l'Académie des Sciences,* tome XLIII, page 145.

poudre, soit $0^{gr},238$ azote. Le sable était humide. Le 10 juillet, on a mis fin à l'expérience.

En voici les résultats :

Au commencement de l'expérience.

	gr
Azote ajouté au sable............	0,238

A la fin de l'expérience.

	gr
Azote perdu à l'état d'ammoniaque.	0,058
Azote perdu à l'état d'azote.......	0,087
Azote contenu dans le sable..... ..	0,093
	0,238

IV. La culture n'augmente ni ne diminue la quantité d'azote, qu'un pot préparé comme le précédent aurait spontanément perdu si on l'eût abandonné à lui-même sans y rien cultiver. Exemples :

	POIDS de la récolte sèche.	AZOTE de la récolte	AZOTE contenu dans le sable.	AZOTE réuni de la récolte et du soufre.
	gr	gr	gr	gr
Pot n° 1....	14,15	0,118	0,091	0,209
n° 2....	16,72	0,142	0,099	0,241
n° 3....	14,37	0,123	0,100	0,223
n° 4....	9,40	0,090	0,102	0,192
n° 5. ..	17,50	0,152	0,106	0,258

On avait semé dans chaque pot 20 grains de blé poulard, contenant $0^{gr},021$ d'azote. Chaque pot avait reçu, en outre, $4^{gr},015$ de semence de lupin en poudre, soit $0^{gr},238$ azote. Pour un motif qui sera exposé plus tard, chaque pot a reçu des matières salines différentes. L'expérience a commencé le 20 mars 1855, et fini le 10 juillet. Je tire les conclusions suivantes des résultats qu'elle a produits :

1°. L'engrais ajouté au sable n'a pas été absorbé en nature. Son utilité réside dans les produits de sa décomposition.

2°. Si on admet que les récoltes précédentes ont tiré tout leur azote du fumier, on est forcé d'admettre qu'une partie de cet azote a été absorbée à l'état d'azote gazeux. En effet, l'azote de chaque récolte dépasse l'azote perdu par le fumier à l'état d'ammoniaque ($0^{gr},058$) augmenté de l'azote de la semence ($0^{gr},021$).

V. A partir d'une certaine période, le sable azoté de l'expérience précédente ne perd plus sensiblement d'azote, et les plantes qu'on y cultive continuent à en acquérir. Exemples :

		POIDS de la récolte sèche.		AZOTE de la récolte.	AZOTE restant dans le sable.	AZOTE réuni de la récolte et du sable.
Pot A ..	Paille....	gr 22,42	gr 23,24	gr 0,188	gr 0,0965	gr 0,285
	Grains	0,82				
Pot A'..	Paille......	20,34	21,36	0,169	0,103	0,272
	Grains.....	0,42				

Dans chacun des pots précédents, on a ajouté $4^{gr},015$ de graine de lupin, soit $0^{gr},238$ azote. Dans chacun on a semé 20 grains de blé poulard, contenant ainsi $0^{gr},021$ azote. L'expérience a commencé le 20 mars 1855 et finit le 20 septembre. Ainsi elle a duré deux mois et dix jours de plus que l'expérience relatée à la proposition IV.

J'ai dit, dans les conclusions de la proposition IV, que si l'on admet que tout l'azote des récoltes vient de l'engrais, il faut admettre, de plus, qu'une partie de cet azote a été absorbée à l'état de *gaz azote*, puisque la quantité d'azote contenue dans la récolte est supérieure à celle que l'engrais a perdue à l'état d'ammoniaque, augmentée de tout l'azote de la semence.

Dans les expériences A, A', la quantité d'azote contenue dans les récoltes étant supérieure à la totalité de l'azote perdu par le fumier, par une extension de la proposition précédente, j'admets que l'excédant vient de l'azote gazeux de l'air.

Par une erreur sur laquelle il est inutile d'insister, toutes ces expériences ont été faites avec le blé poulard, qui est un blé d'hiver. Bien que la saison fût avancée, j'ai voulu les répéter avec du blé de mars. Voici les résultats que cette vérification a produits :

I. Le 25 mai, on a ajouté à 1000 grammes de sable calciné, $0^{gr},108$ d'azote à l'état de graines de lupin ayant subi un commencement de décomposition. Le 4 septembre, on a arrêté l'expérience ; le sable contenait $0^{gr},043$ d'azote. On avait recueilli $0^{gr},023$ d'azote à l'état d'ammoniaque. Soit donc

Au début de l'expérience.

	gr
Azote ajouté au sable..........	0,108

A la fin de l'expérience (1).

	gr
Azote perdu à l'état d'ammoniaque.	0,023
Azote perdu à l'état de gaz azote...	0,040
Azote contenu dans le sol.........	0,045
	0,108

(1) Dans mes expériences, je me suis borné à doser la quantité d'ammoniaque que le sol azoté dégage ; puis, à la fin de l'expérience, la quantité

200 grammes de sable, lavé avec le plus grand soin, ne m'ont pas donné trace de nitrate.

II. Le 25 mai, on a semé 20 grains de blé de mars, qui contenaient $0^{gr},016$ d'azote, dans deux pots préparés comme les précédents, et contenant par conséquent $0^{gr},108$ d'azote. On a fait la récolte le 4 septembre. En voici les résultats :

		RÉCOLTE SÈCHE.		AZOTE de la récolte	AZOTE du sable	AZOTE réuni du sable et de la récolte.
Pot μ...	Paille....	gr 7,58	gr 9,45	gr 0,102	gr 0,043	gr 0,145
	Grains...	1,87				
Pot μ'..	Paille....	8,33	10,52	0,109	0,049	0,158
	Grains...	2,19				

Les résultats de ces expériences étant conformes aux précédents, j'en tire les mêmes conclusions.

« Ce 17 septembre 1855. »

d'azote qu'il contient. Je représente par la différence l'azote perdu à l'état d'azote gazeux. M. Regnault m'a dit que M. Reiset avait reconnu depuis longtemps que les fumiers qui se décomposent dégagent beaucoup d'azote; que, dans ses expériences, il avait recueilli ce gaz par 5 à 6 litres. En ce moment, je répète mes premières expériences, en recueillant ainsi le gaz azoté dégagé dans l'engrais.

ÉLÉMENTS NUMÉRIQUES.

DÉCOMPOSITION DE LA GRAINE DE LUPIN DANS UN SOL SANS CULTURE.

(Expérience rapportée page 55.)

*Expérience T**. — Sable... 1001gr,00

	I.	II.
	gr	gr
Matière............	10,00	20,00
Acide normal........	17,7	17,7
Acide de l'analyse....	15,05	12,4

Azote. 0,0093 p. 100. Azote. 0,0093 p. 100.

10 centimètres cubes d'acide normal = 0gr,00618 d'azote.

DÉCOMPOSITION DE LA GRAINE DE LUPIN DANS UN SOL CULTIVÉ.

Dosage de l'azote restant dans le sable des pots.

(Expériences rapportées page 56.)

Expérience U. — Pot n° 1. — Sable... 913gr,00.

	I.	II.
	gr	gr
Matière............	10,00	20,00
Acide normal.........	21,10	17,9
Acide de l'analyse......	17,70	12,0

Azote. 0,00996 p. 100. Azote. 0,00995 p. 100.

10 centimètres cubes d'acide normal = 0gr,00618 d'azote.

Pot n° 2. — Sable... 906gr,00.

	I.	II.
	gr	gr
Matière............	10,00	20,00
Acide normal........	19,9	17,7
Acide de l'analyse.....	16,9	10,5

Azote. 0,0093 p. 100. Azote. 0,0125 p. 100.

En moyenne.. 0,0109 pour 100.

10 centimètres cubes d'acide normal = 0gr,00618 d'azote.

Pot n° 3. — Sable... 929gr,00.

	I.	II.
	gr	gr
Matière............	10,00	20,00
Acide normal.......	19,9	17,7
Acide de l'analyse.....	16,6	11,4

Azote. 0,0102 p. 100. Azote. 0,0112 p. 100.

En moyenne. 0,0107 pour 100.

10 centimètres cubes d'acide normal = 0gr,00618 d'azote.

Pot n° 3. — Sable... 888gr,00.

	I.	II.
	gr	gr
Matière............	10,00	20,00
Acide normal.......	19,9	17,7
Acide de l'analyse.....	15,6	11,9

Azote. 0,013 p. 100. Azote. 0,101 p. 100.

En moyenne.. 0,0115 pour 100.

10 centimètres cubes d'acide normal = 0gr,00618 d'azote.

Pot n° 3. — Sable... 960gr,00.

	I.	II.
	gr	gr
Matière............	10,00	20,00
Acide normal........	19,9	17,7
Acide de l'analyse.....	16,5	12,0

Azote. 0,0110 p. 100. Azote. 0,0105 p. 100.

En moyenne.. 0,0106 pour 100.

10 centimètres cubes d'acide normal = 0gr,00618 d'azote.

DOSAGES D'AZOTE.

Récoltes obtenues dans les pots précédents.

Expérience U. Pot n° 1. — Récolte sèche... 14gr,15.

	I.	II.
	gr	gr
Matière.............	0,40	0,50
Acide normal........	22,7	19,7
Acide de l'analyse.....	10,7	5,6

Azote. 0,76 p. 100. Azote. 0,86 p. 100.

En moyenne.. 0,81 pour 100.

10 centimètres cubes d'acide normal =

Analyse n° I.... 0gr,0066 d'azote.
Analyse n° II... 0gr,00618 d'azote.

Pot n° 2. — Récolte sèche... 16gr,72.

	I.	II.
	gr	gr
Matière...........	0,40	0,50
Acide normal........	19,95	19,7
Acide de l'analyse.....	9,4	6,5

Azote. 0,87 p. 100. Azote. 0,83 p. 100.

En moyenne.. 0,85 pour 100.

10 centimètres cubes d'acide normal =

Analyse n° I.... 0gr,0066 d'azote.
Analyse n° II... 0gr,00618 d'azote.

Pot n° 3. — Récolte sèche.. 14gr,37.

	I.	II.
	gr	gr
Matière............	0,4	0,5
Acide normal........	19,95	19,7
Acide de l'analyse.....	9,00	6,7

Azote. 0,907 p. 100. Azote. 0,82 p. 100.

En moyenne.. 0,86 pour 100.

10 centimètres cubes d'acide normal =

Analyse n° I.... 0gr,0066 d'azote.
Analyse n° II... 0gr,00618 d'azote.

Pot n° 4. — Récolte sèche... 9gr,40.

	gr
Matière............	0,4
Acide normal........	19,95
Acide de l'analyse.....	8,40

Azote. 0,96 pour 100.

10 centimètres cubes d'acide normal = 0gr,0066 d'azote.

Pot n° 5. — Récolte sèche... 17gr,50.

	gr	gr
Matière............	0,4	0,5
Acide normal........	19,95	19,7
Acide de l'analyse.....	9,40	5,8

Azote. 0,875 p. 100. Azote. 0,87 p. 100.

En moyenne.. 0,87 pour 100.

10 centimètres cubes d'acide normal =

Analyse n° I.... 0gr,0066 d'azote.

Analyse n° II... 0gr,00618 d'azote.

Expériences rapportées page 56.

Pot n° 6. Sable... 894gr,00.

	I.	II.
	gr	gr
Matière............	20,00	20,00
Acide normal........	20,1	20,1
Acide de l'analyse.....	16,5	13,2

Azote. 0,0112 p. 100. Azote. 0,0105 p. 100.

En moyenne.. 0,0108 pour 100.

10 centimètres cubes d'acide normal = 0gr,00625 d'azote.

Pot n° 7. — Sable... 911gr,00.

	I.	II.
	gr	gr
Matière............	10,00	20,00
Acide normal........	10,1	20,1
Acide de l'analyse.....	16,1	13,2

Azote. 0,0124 p. 100. Azote. 0,0105 p. 100.

En moyenne.. 0,0114 pour 100.

10 centimètres cubes d'acide normal = 0gr,00625 d'azote.

Pot n° 6. — Récolte sèche... 23gr,24.

	Paille. I.	Paille. II.
	gr	gr
Matière.............	0,4	0,5
Acide normal........	20,1	20,2
Acide de l'analyse.....	10,6	8,2

Azote. 0,74 p. 100. Azote. 0,74 p. 100.

10 centimètres cubes d'acide normal = 0gr,00625 d'azote.

	Grains.
	gr
Matière...........	0,15
Acide normal........	20,1
Acide de l'analyse.....	6,8

Azote. 2,76 pour 100.

10 centimètres cubes d'acide normal = 0gr,00625 d'azote

Pot n° 7. — Récolte sèche .. 21gr,36.

	Paille.	Grains.
	gr	gr
Matière.............	0,40	0,15
Acide normal.......	20,1	20,1
Acide de l'analyse.....	10,4	6,5

Azote. 0,75 p. 100. Azote. 2,82 p. 100.

10 centimètres cubes d'acide normal = 0gr,00625 d'azote.

Expérience X rapportée page 60.

Pots sans végétation.

Pot n° 1. — Sable..... 1005 grammes.

	gr
Matière..........	20,0
Acide normal.......	20,2
Acide de l'analyse...	18,8

Azote 0,0043 pour 100.

Pot n° 2. — Sable..... 1002 grammes.

	gr
Matière...........	20,0
Acide normal......	20,2
Acide de l'analyse...	18,7

Azote 0,0047 p. 100.

Pot n° 3. — Sable..... 997 grammes.

	gr
Matière............	20,0
Acide normal......	20,2
Acide de l'analyse....	18,9

Azote 0,040 pour 100.

Pot n° 4. — Sable..... 999 grammes.

	gr
Matière............	20,0
Acide normal......	20,2
Acide de l'analyse....	19,2

Azote 0,0032 pour 100.

10 centimètres cubes de l'acide normal employé pour les analyses = 0,001266.

Expérience Y rapportée page 61.

Pots cultivés.

Pot n° 1. — Sable..... 1012 grammes.

	gr
Matière............	20,0
Acide normal.......	15,9
Acide de l'analyse. ..	14,2

Azote 0,0046 pour 100.

Pot n° 2. — Sable..... 1003 grammes.

	gr
Matière............	20,0
Acide normal.......	15,9
Acide de l'analyse....	14,2

Azote 0,0046 pour 100.

10 centimètres cubes de l'acide normal employé pour ces deux analyses = 0gr,00868 d'azote.

Pot n° 3. — Sable..... 1007 grammes.

	gr
Matière............	20,0
Acide normal.......	17,8
Acide de l'analyse....	16,4

Azote 0,0038 pour 100.

Pot n° 4. — Sable..... 1022 grammes.

	gr
Matière............	20.0
Acide normal.......	17,8
Acide de l'analyse....	16,3

Azote 0,0040 pour 100.

10 centimètres cubes de l'acide normal employé pour les analyses 3 et 4 = 0gr,01125 d'azote.

Blé de mars cultivé avec 1gr,885 de graines de lupin.

Expérience Z rapportée page 61.

Pot n° 1. — Récolte sèche..... 21gr,76.

	Paille.
	gr
Matière............	1,264
Acide normal.......	18,7
Acide de l'analyse....	16,6

Azote 0,45 pour 100.

10 centimètres cubes d'acide normal = 0gr,0555 d'azote.

	Grains.	
	I.	II.
	gr	gr
Matière.............	0,693	0,387
Acide normal........	18,7	19,4
Acide de l'analyse....	15,5	7,0
	Azote. 1,42 p. 100.	Azote. 1,43 p. 100.

10 centimètres cubes d'acide normal = :

Analyse n° I.... $0^{gr},05055$ d'azote.
Analyse n° II... $0^{gr},00868$ d'azote.

Pot n° 2. — Récolte sèche... $20^{gr},60$

	Paille. I.	Paille. II.
	gr	gr
Matière..........	1,489	1,364
Acide normal........	18,7	20,7
Acide de l'analyse.....	16,3	18,0
	Azote. 0,44 p. 100.	Azote. 0,48 p. 100.

Grains.

	gr
Matière............	0,637
Acide normal.......	18,7
Acide de l'analyse....	15,3

Azote 1,44 pour 100.

10 centimètres cubes d'acide normal = $0^{gr},05055$ d'azote.

Pot n° 3. — Récolte sèche..

	Paille.	Grains.
	gr	gr
Matière.............	1,60	0,345
Acide normal........	20,7	19,4
Acide de l'analyse.....	18,0	8,6
	Azote 0,41 p. 100.	Azote 1,34 p. 100

10 centimètres cubes d'acide normal =

Analyse n° I.... $0^{gr},05055$ d'azote.
Analyse n° II... $0^{gr},00868$ d'azote.

Pot n° 4. — Récolte sèche..... $17^{gr},83$.

	Paille.	Grains.
	gr	gr
Matière............	1,52	0,850
Acide normal.......	20,7	20,7
Acide de l'analyse....	17,9	15,9
	Azote 0,44 p. 100.	Azote 1,39 p. 100.

10 centimètres cubes d'acide normal = $0^{gr},05055$ d'azote.

Pot sans culture fumé avec gélatine.

Expérience A a.

Sable..... 1120 grammes.

	gr
Matière..............	20,0
Acide normal.........	15,9
Acide de l'analyse.....	14,3

Azote 0,00436 pour 100.

10 centimètres cubes d'acide normal = 0gr,00868 d'azote.

Blé de mars cultivé avec la gélatine.

Expérience A b.

Pot n° 1. — Sable..... 1027 grammes.

	gr
Matière............	20,0
Acide normal.......	15,9
Acide de l'analyse....	14,3

Azote 0,0041 pour 100.

10 centimètres cubes d'acide normal = 0gr,00868 d'azote.

Pot n° 2. — Sable.... 1025 grammes.

	gr
Matière............	20,0
Acide normal.....	15,9
Acide de l'analyse....	14,2

Azote 0,0047 pour 100.

10 centimètres cubes d'acide normal = 0gr,00868 d'azote.

Blé de mars cultivé avec la gélatine.

Expérience A c.

Pot n° 1. — Récolte sèche...... 22gr,39.

	Paille.	Grains.
	gr	gr
Matière.............	1,320	0,668
Acide normal........	18,7	18,7
Acide de l'analyse.....	16,45	14,8
	Azote. 0,46 p. 100.	Azote. 1,57 p. 100.

10 centimètres cubes d'acide normal = 0gr,05055.

Pot n° 2. — Récolte sèche.... 22gr,66.

	Paille.	
	I.	II.
	gr	gr
Matière..........	1,399	0,810
Acide normal........	18,7	19,4
Acide de l'analyse.....	16,7	11,2

Azote. 0,39 p. 100. Azote 0,40 p. 100.

10 centimètres cubes d'acide normal =

Analyse n° I.... 0gr,0505 d'azote.
Analyse n° II... 0gr,00868 d'azote.

Grains.

	gr
Matière............	0,713
Acide normal......	18,7
Acide de l'analyse....	14,9

Azote 1,53 pour 100.

10 centimètres cubes d'acide normal = 0gr,0505 d'azote.

QUATRIÈME PARTIE.

DISCUSSION DE MES PREMIÈRES EXPÉRIENCES : VÉRIFICATION DE LEURS RÉSULTATS.

Blé de mars cultivé dans des pots de toile.

(Expérience rapportée page 74.)

Pot n° 1. — Récolte sèche... $3^{gr},29$.

	Paille.
	gr
Matière..........	0,329
Acide normal.......	15,9
Acide de l'analyse....	12,7

Azote 0,53 pour 100.

Pot n° 2. — Récolte sèche.... $4^{gr},09$.

	Paille.
	gr
Matière..........	0,409
Acide normal.......	15,9
Acide de l'analyse....	11,0

Azote 0,60 pour 100.

10 centimètres cubes d'acide normal = $0^{gr},00868$ d'azote.

VÉGÉTATION DANS UN APPAREIL FERMÉ.

(Expériences des tabacs rapportées page 78.)

(Expériences des tabacs rapportées page 78.)

(1855.)

	gr
Tabac repiqué........	1,0
Acide normal..........	21,8
Acide de l'analyse....	14,7

Azote 4,07 pour 100.

10 centimètres cubes d'acide normal = 0gr,125 d'azote.

Tabac n° 1. — Récolte sèche... 5gr,77.

	gr
Matière.............	0,20
Acide normal........	19,9
Acide de l'analyse.....	12,9

Azote 2,2 pour 100.

Tabac n° 2. — Récolte sèche... 5gr,81.

	gr
Matière............	0,30
Acide normal.......	19,9
Acide de l'analyse.....	10,3

Azote 2,05 pour 100.

10 centimètres cubes de l'acide employé pour ces deux analyses = 0gr,0125 d'azote.

EXPÉRIENCE DE 1856.

Tabac repiqué dans les pots 1 et 4.

	I.	II.
	gr	gr
Matière.............	0,2	0,1
Acide normal.......	15,9	15,9
Acide de l'analyse.....	5,0	10,2

Azote 2,97 p. 100. Azote 3,11 p. 100.

En moyenne... 3gr,04.

10 centimètres cubes d'acide normal = 0gr,00868 d'azote.

Tabac repiqué dans les pots 2 et 3.

	gr
Matière..........	0,10
Acide normal......	15,9
Acide de l'analyse.....	9,4

Azote 3,55 pour 100.

10 centimètres cubes d'acide normal = 0gr,00868 d'azote.

Expérience.

Tabac nº 1. — Récolte sèche... 6,96

	gr
Matière..........	0,40
Acide normal........	15,9
Acide de l'analyse.....	8,8

Azote 0,97 pour 100.

Tabac nº 2. — Récolte sèche... 4gr,65.

	gr
Matière..............	0,40
Acide normal........	15,9
Acide de l'analyse.....	5,7

Azote 1,36 pour 100.

Tabac nº 3. — Récolte sèche... 9gr,82.

	gr
Matière..........	0,40
Acide normal......	15,9
Acide de l'analyse.....	8,4

Azote 1,02 pour 100.

Tabac nº 4. — Récolte sèche... 1gr,81

	gr
Matière............	0,40
Acide normal........	16,9
Acide de l'analyse.....	8,2

Azote 1,05 pour 100.

10 centimètres cubes d'acide normal employé pour les quatre analyses = 0gr,00868 d'azote.

QUELQUES FAITS

POUR SERVIR A LA

THÉORIE

DE LA

PRODUCTION AGRICOLE.

Pour faire la théorie de la production agricole, il faut connaître la part que chaque élément du sol prend à la nutrition des végétaux. Bien qu'on possède sur ce point quelques notions importantes, cependant, si l'on veut élever cette question à la hauteur d'un problème défini scientifiquement, tout reste à peu près à faire. Plus un problème est complexe, plus il importe de se rendre un compte exact de tous les termes qu'il comprend, avant d'en chercher la solution. Cette analyse préalable est surtout indispensable lorsque la solution doit sortir d'un nombre considérable d'expériences. Pour ce motif, je crois nécessaire au moment de rapporter quelques résultats destinés, ce me semble, à jeter une lumière nouvelle sur la théorie de la production agricole, d'exposer le plan idéal de recherches que je m'étais tracé, lorsque j'ai commencé mes expériences. Cette manière fera connaître l'esprit qui dirige mes études et permettra de prévoir les résultats par lesquels je compte compléter ce que je publie aujourd'hui.

J'emprunte, au reste, ce plan de travaux à la première leçon de Physique végétale que j'ai professée au Muséum d'histoire naturelle.

« Il y a donc dans la terre deux ordres de matériaux : les uns inertes, insolubles, tels que le sable, l'argile et le gravier, destinés à offrir aux racines un point d'appui et servant de médium à la végétation; nous les appelons les éléments *mécaniques* du sol. Il y a ensuite les éléments nutritifs, ceux qui concourent activement à la vie végétale; nous les appelons pour ce motif les éléments *assimilables*.

» A l'égard de ces derniers, il y a une distinction à faire entre ceux qui sont immédiatement assimilables et ceux qui le deviennent après avoir subi une altération préalable. Les éléments mécaniques déterminent la nature agricole des sols, les éléments immédiatement assimilables, leur fécondité, et les éléments non encore assimilables, mais qui le deviendront, constituent une sorte de réserve qui peut faire prévoir la durée de cette fécondité.

» Le Tableau suivant est propre à faire ressortir toutes ces distinctions :

Sol.	Éléments organiques.....		Sable.
			Argile.
			Gravier.
	Assimilables actifs...	Organiques.	Humus.
			Ammoniaque.
		Minéraux..	Acide phosphorique.
			Acide sulfurique.
			Acide nitrique.
			Chlore.
			Silice.
			Potasse.
			Soude.
			Chaux.
			Magnésie.
			Oxyde de fer.
			Oxyde de manganèse.
	Assimilables en réserve....		Détritus organiques.
			Minéraux indécomposés.

» Or, il s'agit de connaître l'action de la partie organique et de la partie minérale des éléments assimilables contenus dans le sol; pour cela, à du sable calciné qui représente l'élément mécanique, pur et isolé, on ajoute séparément toutes les matières organiques qu'on trouve dans la terre végétale. Parmi ces matières, les unes ne contiennent que du carbone, de l'hydrogène et de l'oxygène: ce sont les congénères de l'humus; les autres contiennent de l'azote en plus et se rapprochent, par leurs propriétés, des déjections animales.

» Ainsi l'on expérimente successivement sur les matières sans azote et sur les matières azotées, et on constate l'action de chacune; on passe ensuite à l'étude des éléments minéraux.

» Ici le sujet se complique, et l'expérience présente plus de difficultés.

» Les éléments minéraux contiennent de l'acide phosphorique, de l'acide sulfurique, de la potasse, de la chaux, de la magnésie, etc. Dans l'impossibilité d'essayer séparément l'action des acides et des bases, qui à cause de leurs propriétés corrosives ou caustiques feraient périr les plantes, on est forcé de les combiner ensemble; mais comme il peut se faire que les acides, les terres et les alcalis exercent une action différente suivant l'ordre de leur combinaison, on devra multiplier les essais de manière à réaliser tous les modes de combinaison possibles; en procédant ainsi, on est conduit à instituer les expériences suivantes:

1.	2.	3.	4.
Phosphates, Sulfates, Chlorures, } Terreux.	Phosphates, Sulfates, Chlorures, } Alcalins.	Phosphates, Sulfates, Chlorures, } Terreux.	Phosphates, Sulfates, Chlorures, } Alcalins.
Silicates... } Alcalins	Carbonates. } Terreux.		
Oxyde de fer.	Silice gélatineuse.		

5.	6.	7.	8.
Carbonates. } Terreux.	Carbonates. } Terreux.	Silicates... } Alcalins.	Sable pur.
Silicates... } Alcalins.			

» Le n° 1 contient tous les éléments minéraux de la terre végétale; le n° 8 n'en contient aucun : il est réduit à l'élément mécanique seul; les termes intermédiaires correspondent à des terrains plus ou moins richement pourvus.

» Dans la nature, les choses ne se passent pas aussi simplement que dans nos laboratoires; la partie nutritive de la terre végétale ne se borne jamais à une catégorie unique d'éléments. Les principes minéraux sont toujours associés à de la matière organique, et l'action de chacun d'eux doit se trouver modifiée par ce mélange; pour s'en assurer, il faut donc avoir recours à d'autres expériences dans lesquelles, à une matière organique, qui reste comme terme fixe, on ajoute successivement les mélanges minéraux déjà expérimentés : ainsi on constate à nouveau l'effet des matières minérales et organiques lorsqu'elles agissent ensemble, et on réalise par la pratique les conditions les plus variées dans lesquelles le développement d'un végétal puisse avoir lieu.

» Mais le problème de la production végétale n'est pas encore résolu : dans les expériences qui précèdent, on a toujours opéré dans le sable pur; or le sable n'est pas le seul élément mécanique qui entre dans la composition de la terre végétale : l'argile et le calcaire s'y rencontrent fréquemment, et, suivant que l'un de ces trois éléments prédomine, la nature et les propriétés des sols changent complétement. Pour se rendre compte de cette cause de variations, il faut donc répéter toutes les expériences qui précèdent, en opérant séparément dans des sols argileux et calcaires, ce qui permet finalement de constater, en dehors de toute hypothèse, l'influence que la nature des éléments mécaniques et assimilables exerce sur le développement des végétaux.

» Mais, pour que ces expériences aient toute leur valeur, il ne suffit pas de connaître l'effet produit par l'addition de telle ou telle substance dans un sol formé de sable ou d'argile; il faut savoir de plus combien les plantes ont absorbé de ces substances, et par conséquent combien il en reste dans le sol après la récolte. Pour acquérir cette connaissance, il faut donc faire l'analyse exacte de toutes les récoltes et de tous les sols. A cette condition seulement, on peut fonder l'emploi des agents de fertilité sur des principes rationnels.

» Il est vrai que la culture ne se fait pas en plein champ comme dans un laboratoire ; il conviendrait donc que des séries d'expériences, analogues à celles dont nous venons de tracer le plan, et que nous supposons exécutées dans des conditions idéales de précision, fussent entreprises en pleine terre, en agissant sur des sols de nature et de fertilité différentes, afin de connaître la limite des écarts qui se produiraient entre le résultat scientifique et le résultat pratique.

» Le principe rationnel ne changerait pas, mais il éprouverait dans l'expression de ses effets une modification qui serait déterminée par l'expérience, et l'agriculture pourrait alors appliquer ces résultats avec une entière sécurité. »

Ainsi le premier point à résoudre, c'est de déterminer l'importance comparée des éléments organiques et minéraux (assimilables) du sol; pour y parvenir, j'ai institué trois expériences : dans la première, on cultive du blé dans de la terre ordinaire de jardin; dans la seconde, on répète la même culture sur cette terre dont on a préalablement détruit tous les éléments organiques par une calcination de plusieurs heures au moufle; dans la troisième, on se borne à cultiver du blé dans du sable calciné.

Voici les résultats de ces trois expériences :

On a semé vingt grains de blé dans chaque pot.

	Bonne terre.		Terre calcinée.		Sable calciné.
	gr		gr		gr
Paille et racines.	27,88		5,08		5,38
139 grains.	10,84	32 grains. .	1,38	46 grains. .	1,37
	38,72		6,46		6,75

Ces expériences attribuent, on le voit, une grande influence aux matières organiques; en comparant les résultats obtenus dans la terre calcinée à ceux obtenus dans le sable, on semblerait autorisé à nier l'utilité des matières salines : avant de tirer cette conclusion, il faut savoir si les matières salines, pour exercer une action favorable, n'exigent pas la présence d'une matière organique, et *vice versâ*. Pour décider ce point, il eût fallu faire une quatrième expérience, dans laquelle on eût ajouté à du sable calciné la matière organique de la bonne terre.

Dans l'impossibilité d'exécuter cette expérience, j'ai suivi une autre voie, et j'ai cherché, comme je l'indique précédemment, ce qui arrive si on cultive la même plante dans du sable additionné seulement de certains mélanges salins, et lorsqu'on ajoute à ces mélanges de la matière organique.

CULTURE DANS LE SABLE CALCINÉ.

Mélanges salins employés.

1.

	gr	
Phosphate de chaux.	2,61	
Phosphate de magnésie. . . .	3,80	
Sulfate de chaux	0,10	Sels terreux.
Chlorure de sodium.	0,10	Silicates alcalins.
Oxyde de fer.	0,10	
Silicate de potasse.	3,09	
Silicate de soude.	0,26	

2.

	gr	
Phosphate de potasse	2,17	Sels alcalins. Terres.
Phosphate de soude	0,72	
Sulfate de soude..........	0,10	
Chlorure de sodium.......	0,10	
Chaux caustique.........	0,90	
Carbonate de magnésie ...	0,96	
Oxyde de fer...........	0,10	
Silice gélatineuse		

3.

	gr	
Phosphate de potasse......	2,17	Sels alcalins sans terres.
Phosphate de soude.......	0,72	
Sulfate de soude.........	0,10	
Chlorure de sodium.......	0,10	
Oxyde de fer............	0,10	

4.

	gr	
Phosphate de chaux.....	2,61	Sels terreux sans alcalis.
Phosphate de magnésie....	3,80	
Sulfate de chaux.........	0,10	
Chlorure de sodium.......	0,10	
Oxyde de fer............	0,10	

5.

	gr	
Chaux caustique.........	0,90	Terres et alcalis sans acides.
Carbonate de magnésie ...	0,96	
Bicarbonate de potasse....	1,60	
Bicarbonate de soude......	0,31	
Oxyde de fer	0,10	

6.

	gr	
Chaux caustique	0,90	Terres sans alcalis ni acides.
Carbonate de magnésie....	0,96	
Oxyde de fer............	0,10	

7.

	gr	
Bicarbonate de potasse....	1,60	Alcalis sans terres ni acides.
Bicarbonate de soude......	0,31	

8.

Sable pur..................	Pas de matières salines.

En opérant dans ces conditions, on a obtenu les résultats suivants :

1.

	gr
Paille et racines..	6,50
43 grains.......	1,63
	8,13

2.

	gr
Paille et racines .	5,64
40 grains.......	1,44
	7,08

3.

	gr
Paille et racines .	5,42
41 grains......	1,48
	6,90

4.

	gr
Paille et racines .	5,52
37 grains......	1,38
	6,90

5.

	gr
Paille et racines..	5,10
33 grains......	1,10
	6,20

6.

	gr
Paille et racines..	4,72
31 grains.......	0,99
	5,71

7.

	gr
Paille et racines .	5,32
34 grains......	1,28
	6,60

8.

	gr
Paille et racines..	5,98
26 grains.......	1,37
	6,75

Ces résultats sont conformes à ceux qui précèdent et n'accusent comme eux qu'un très-faible influence de la part des matières salines, dont l'action semble même indépendante de leur nature. Si on compare la moyenne des quatre dernières cultures venues sans phosphates, à ceux des quatre premières qui en ont reçu au contraire, on trouve, en effet, comme différence extrême :

	Récolte moyenne.			
	Des pots avec phosphates.		Des pots sans phosphates.	
Récolte totale .	$7^{gr},25$		$6^{gr},31$	
40 grains.		$1^{gr},48$	32 grains.	$1^{gr},18$

Il résulte des expériences qui précèdent que :

Les matières salines exercent une influence très-faible sur le blé cultivé dans le sable calciné exempt de toute matière organique azotée.

Cette première conclusion admise, il reste encore à chercher ce qui arrive lorsque les matières salines agissent concurremment avec des matières azotées. On s'en rend compte en ajoutant à chaque mélange salin précédemment employé $1^{gr},855$ de graine de lupin en poudre contenant $0^{gr},110$ d'azote :

1.
Sels terreux.
Silicates alcalins.

	gr
Paille et racines. .	16,64
103 grains.	4,44
	21,08

2.
Sels alcalins.
Terres.

	gr
Paille et racines .	15,42
92 grains.	4,00
	19,42

3.
Sels alcalins sans terres.

	gr
Paille et racines .	15,84
106 grains.	4,44
	20,28

4.
Sels terreux sans alcalis.

	gr
Paille et racines. .	11,93
88 grains.	3,98
	15,91

---

(1) Il est possible que les matières salines agissent plus activement sur d'autres plantes. Le poids des graines, la quantité de cendres qu'elles contiennent, peuvent modifier les résultats.

5.

Terres et alcalis sans acides.

	gr
Paille et racines .	12,01
78 grains.	3,12
	15,13

6.

Terres sans alcalis ni acides.

	gr
Paille et racines. .	9,18
54 grains.	1,98
	11,16

7.

Alcalis sans terres ni acides.

	gr
Paille et racines .	13,54
80 grains.	3,05
	16,59

8.

Sable et matière azotée sans matières salines.

	gr
Paille et racines .	8,20
48 grains.	1,50
	9,70

Ces nouveaux résultats changent la face de la question : ils nous apprennent que les matières azotées, de même que les matières salines employées seules, ne produisent presque pas d'effet, mais que leur concours simultané détermine la production d'un excédant considérable de récolte.

1.

Matières salines sans matières azotées.

	gr
Paille et racines. .	8,20
43 grains.	1,63
	9,83

2.

Matières azotées sans matières salines.

	gr
Paille et racines.	8,20
48 grains.	1,50
	9,70

3.

Matières salines avec matières azotées.

	gr
Paille et racines. . .	16,64
103 grains.	4,44
	21,08

On n'observe, avons-nous dit, que de très-faibles différences dans le poids des récoltes, quelles que soient les matières salines employées, si on ne les associe pas à une matière azotée; mais dès que cette association a lieu, la nature des matières salines exerce une influence remarquable, et dans l'ordre de leur importance il faut citer l'acide phosphorique, puis les alcalis, et enfin les terres.

	Récolte moyenne	
	Des quatre pots avec acide phosphorique.	Des quatre pots sans acide phosphorique.
Récolte totale .	19^{gr},17	13^{gr},14
	97 grains . . . . 4^{gr},20	60 grains . . . . 2^{gr},40
	Sels alcalins sans terres.	Sels terreux sans alcalis.
Récolte totale. .	20^{gr},28	11^{gr},93
	106 grains . . . . 4^{gr},44	88 grains . . . . 3^{gr},98
	Alcalis sans acides ni terres.	Terres sans acides ni alcalis.
Récolte totale .	16^{gr},59	11^{gr},16
	80 grains . . . . 3^{gr},05	54 grains . . . . 1^{gr},98

Dans toutes les expériences qui précèdent, on a employé comme matière azotée la graine de lupin, bien qu'on l'eût fait digérer pendant six mois dans de l'eau chargée d'acide carbonique, pour la dépouiller de toutes les matières salines qu'elle contient naturellement; je soupçonne qu'elle renfermait encore des phosphates, et craignant que la présence de ces phosphates n'ait rendu moins sensible la diminution des récoltes dans les pots qui auraient dû en être complétement privés, l'expérience a été répétée en substituant le nitrate de potasse à la graine de lupin. Cette fois les résultats ont été incomparablement plus tranchés;

dans les pots sans phosphate, la récolte diminue au moins de moitié. J'ai le regret de ne pouvoir exprimer ces différences par des chiffres, un accident m'a fait perdre en partie le bénéfice de cette expérience : pendant que les plantes séchaient, des souris les ont attaquées et ont choisi de préférence les récoltes les plus riches en grains ; heureusement la photographie de toutes les cultures avait été faite avant ce fâcheux accident, et on peut constater ainsi la diminution considérable que produit sur les récoltes l'absence des phosphates.

Ainsi, il résulte de ce qui précède que :

1°. Les matières salines exercent une action très-faible sur le blé cultivé dans le sable calciné : leur action est à peu près indépendante de leur nature :

2°. Les matières azotées employées dans les mêmes conditions, c'est-à-dire en l'absence de toute matière saline, produisent également peu d'effet ;

3°. Les résultats changent complétement si l'on associe ces deux sortes de matières : le poids de la récolte augmente beaucoup, et la nature des matières salines employées détermine alors des différences considérables ;

4°. De tous les minéraux, le plus actif est l'acide phosphorique, puis viennent les alcalis, et enfin les terres.

DE L'ACTION DES MATIÈRES AZOTÉES.

J'ai déjà dit qu'à égalité d'azote l'action des matières azotées change dans de grandes proportions suivant leur nature (*voyez* pages 48 et 64). Je rappellerai les résultats que j'ai obtenus sous ce rapport en associant différentes matières azotées aux mêmes matières salines.

MATIÈRES EMPLOYÉES comme engrais.		PAILLE et RACINES.	GRAINS.	MOYENNES des récoltes.	AZOTE de chaque récolte.	AZOTE moyen des récoltes.	AZOTE moyen des récoltes et du sol.
Nitre	I.	gr 20,70	gr 6,20	gr 26,71	gr 0,218	gr 0,221	"
	II.	19,22	7,30		0,224		
Sel ammoniac.	I.	15,10	4,93	18,83	0,161	0,142	"
	II.	17,34	3,54		0,124		
Nitre et ammon.	I.	12,20	3,72	18,32	0,118	0,133	"
	II.	14,87	5,86		0,149		
Phosphate d'ammoniaque....	I.	12,96	3,77	18,40	0,116	0,133	"
	II.	15,82	4,34		0,150		
Graines de lupin	I.	17,44	4,32	21,18	0,139	0,138	gr 0,185
	II.	15,94	4,66		0,138		
Id...........	III.	14,68	3,72	18,12	0,112	0,115	0,154
	IV.	14,49	3,32		0,118		
Sable gélatiné..	I.	16,22	6,17	22,56	0,172	0,160	0,204
	II.	16,22	5,42		0,149		

La valeur d'un agent de fécondité dépend donc de deux choses :

1°. De la quantité d'azote qu'il contient, et de l'état de cet azote ;

2°. De la quantité de ses matières salines, et de leur nature.

Pour faire la théorie des assolements, il faudrait déduire d'expériences positives quelle matière azotée agit le plus sur chaque espèce de plante, et à quelle matière saline il faut l'associer pour obtenir le maximum d'effet; on serait ainsi conduit à une explication rationnelle de la production agricole, et à la connaissance des lois qui la règlent.

Je reviendrai sur toutes ces questions d'une manière plus étendue; ce que j'en ai dit suffit cependant pour indiquer l'esprit dans lequel je poursuis mes recherches, et pour faire pressentir l'importance des résultats que j'ai obtenus. Mes recherches antérieures avaient porté uniquement sur le blé : cette année je les ai étendues au sarrasin et aux féverolles.

EMPLOI DE LA CHAUX SODÉE.

P. S. La chaux sodée que l'on calcine à plusieurs reprises perd sa faculté comburante. Après chaque calcination, les dosages accusent une perte de 0,2 à 0,3 pour 100 d'azote; j'avais pensé d'abord que ces différences étaient dues à une perte d'eau, j'ai reconnu depuis que cette opinion n'était pas fondée : je serais disposé à croire qu'à la suite de ces calcinations successives, il se forme à la surface de chaque morceau de chaux sodée une couche de silicate qui empêche en partie la combustion des matières organiques. Quoi qu'il en soit de cette opinion, un fait certain, c'est que la chaux sodée peut quelquefois ne brûler qu'incomplétement les matières organiques. Les chimistes qui en font un fréquent usage feront bien de se tenir en garde contre cette cause d'erreur. Avant d'employer une chaux sodée nouvellement préparée, il est toujours prudent de l'essayer sur une matière d'une composition connue.

TABLE DES MATIÈRES.

QUATRIÈME PARTIE.

APPENDICE.

FIN DE LA TABLE DES MATIÈRES.

Paris. — Imprimerie de Mallet-Bachelier, rue du Jardinet, 12.

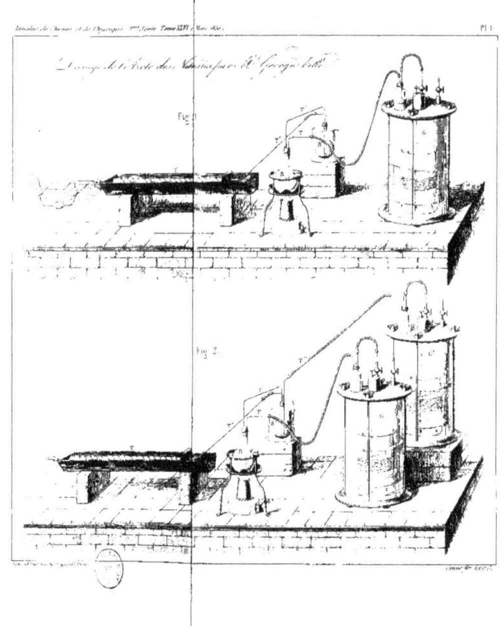
Fig. 1
Fig. 2

20 JUILLET

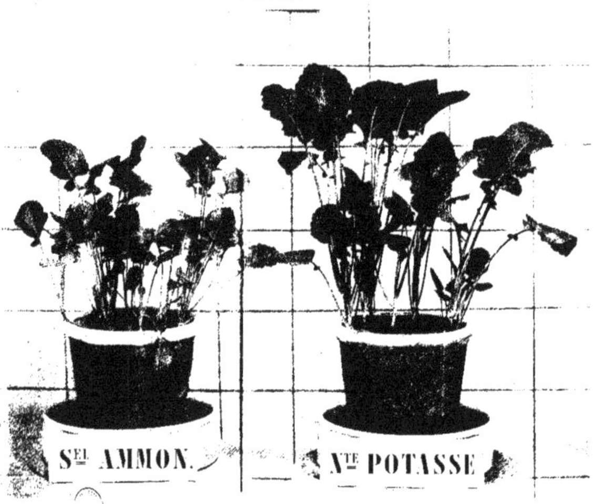

Sel AMMON. Nte POTASSE

à égalité d'azote (0g,137).
Expérience mentionnée page 46.

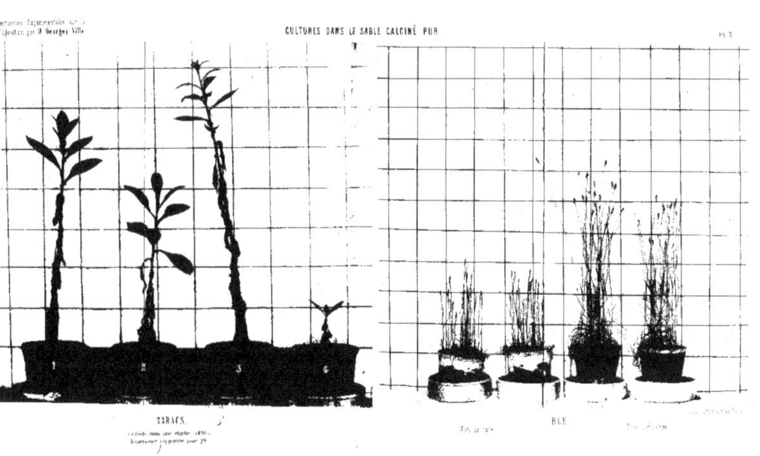

CULTURES DANS LE SABLE CALCINÉ PUR
Pl. 3
1
2
3
4
TABACS.
BLÉ.

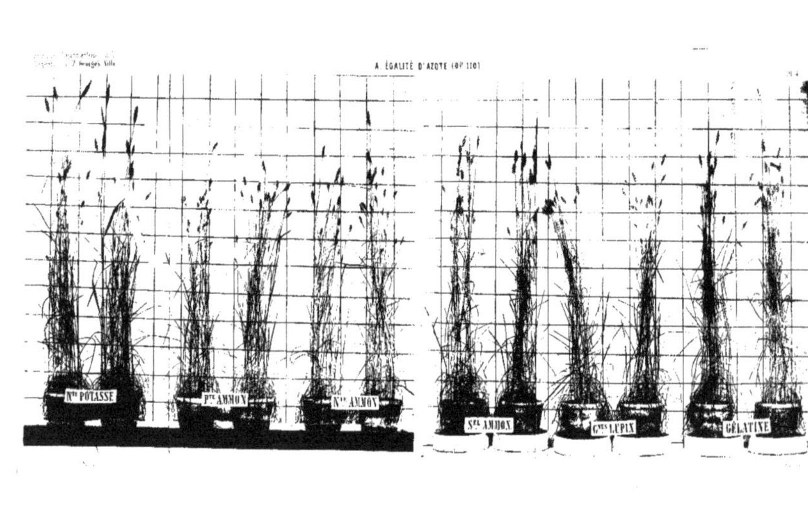
A ÉGALITÉ D'AZOTE (OP 110)
N^te POTASSE
P^te AMMON
N^te AMMON
Ste AMMON
G^nes LUPIN
GÉLATINE

www.ingramcontent.com/pod-product-compliance
Ingram Content Group UK Ltd.
Pitfield, Milton Keynes, MK11 3LW, UK
UKHW020302180726
13839UKWH00001B/353

9 782329 293660